防衛省に告ぐ

元自衛隊現場トップが明かす
防衛行政の失態

香田洋二

元・海上自衛隊自衛艦隊司令官（海将）

785

中公新書ラクレ

まえがき

日本は今、未曽有の危機に置かれている。

中国による台湾の武力統一の可能性は日に日に高まり、北朝鮮の核・ミサイル開発は着実に進んでいる。そしてロシアのウクライナ侵攻に伴い、日本周辺における中国とロシアの連携はかつてなく進んでいる。きょうのウクライナが明日の日本になっても全く不思議ではない。

岸田文雄政権が防衛費の対国内総生産（ＧＤＰ）比２％を念頭に防衛力を強化する方針を掲げたのは当然の話だ。しかし、ＧＤＰ２％で満足してはいけない。真の意味で防衛力を強化しなければならない。

おそらく多くの人は「防衛力強化」と聞いて、戦闘機や潜水艦、あるいはミサイルを増やすことを思い浮かべるであろう。それは正しい。ただし、見た目が派手な装備をそろえただけでは防衛力強化とは言えない。

防衛力とは、日本を攻撃する外国軍などを迎え撃ち、損害を最小限にし、速やかに元の平和に戻す力である。誤解を恐れずに言えば、戦争に勝つ能力だ。これがなければ、敵に攻撃を思いとどまらせる抑止は成立しない。

戦争に勝つためには高性能な装備がたくさんあるに越したことはない。しかし、立派な装備を持っていても、使いこなせなければ意味がない。適正に人員を配置し、厳しい訓練をこなし、弾薬も十分に備蓄しておかなければならない。

もっと肝心なことがある。立派な軍を持っていても、適切な命令がなければ軍隊は機能しない。戦争は敵の殺戮そのものを目的として行うものではない。常に政治的な目的があり、その目的を達成するために戦争をするのだ。つまり、軍が機能するかどうかは、政治の在り方、そして政治と軍の関係の在り方によって大きく左右される。

日本の防衛が抱える構造的欠陥が露呈したのは、2020年、政府が地上配備型弾道ミサイル迎撃システム「イージスアショア」の配備を断念し、イージスシステムを

（海上プラットフォーム）に搭載する案に乗り換えたときだった。一連の過程では、国民に十分な説明を行わず、そして、防衛省内でも十分な検討もせず、行き当たりばったりで判断を下す体質が改めて明らかになったように見えた。

「防衛力強化」を掲げる岸田政権が、あるべき政治と自衛隊の在り方について検討しているという話は聞こえてこない。与党も野党も学界もマスコミも無関心のようだ。防衛力を強化するために最も大事なことが忘れ去られている。シビリアンコントロール（文民統制）が機能していないという現実だ。

シビリアンコントロールとは、国民の代表たる政治家が軍隊をコントロールするシステムだ。これは軍隊の手足を縛ることだけが目的ではない。軍隊の暴走を防ぎつつ、軍隊に勝たせなければならない。ということは、政治家が全くの軍事の素人であることを前提としていない。政治家のほとんどは自衛隊勤務歴がないことは当然であるが、それがゆえに軍事を理解するための深い努力が求められるということである。政治家が軍事的素養を磨き、現場の声に耳を傾けてはじめて機能するシステムである。

防衛は閉ざされた会議室で完結するものではなく、いかに現場で戦うかを出発点にしてこそ機能する。さもなければ、結果は火を見るより明らかだ。国が亡びるのである。

私は海上自衛官として36年間勤め、最後は現場のトップである自衛艦隊司令官として国防を担った。制服を脱いでから12年以上が過ぎたが、防衛省・自衛隊の体質は今なお多くの問題が残っている。私の現役当時と比べても、この問題の本質は悪化しているようにさえ見える。

政治家が軍事の現場を知ろうともせず、また防衛省・自衛隊の内部では背広組の官僚が幅を利かせ、現場を預かる制服組の自衛官の意見が反映されにくいシステムにメスを入れなければならない。

既に退官した私が現在の防衛省と自衛隊に直接口を出すことはできない。当然である。しかし、自衛隊を強く愛し、その勤務を誇りとする私は、「辞めた者が現役のやることに口を出すな」という強い戒めを承知の上で、やむにやまれぬ思いで筆を執った。より多くの読者に本書を手に取ってもらい、少しでも防衛力強化に向けて日本を動かすことができれば、望外の幸せである。

目次

本文ＤＴＰ／市川真樹子

防衛省に告ぐ

元自衛隊現場トップが明かす防衛行政の失態

第一章

意思疎通に問題がある防衛省と自衛隊

GDP比2%だけでは何も変わらない

あの時、私はクビになりかけた。

2001年9月11日、テロリストにハイジャックされた旅客機2機が米ニューヨークのワールド・トレード・センターに突っ込んだ。さらに別の旅客機は、米ワシントンの国防総省（ペンタゴン）をめがけて突入した。米同時多発テロだ。危機に立たされた同盟国に対し、日本は何をするのか、自衛隊は何ができるのかが問われていた。そんな中で、私の判断が問題になる。

その判断がいかなるものだったか後に詳しく説明するとして、そんな昔ばなしをする理由は、今まさに自衛隊が大きく変わろうとしているからだ。岸田文雄首相は防衛力の「抜本的強化」を掲げ、「反撃能力」の保有も検討する考えを繰り返し表明している。自民党は2022年7月の参院選で、防衛費を5年以内に国内総生産（GDP）比2％以上にすると公約した。

それはそれで結構なことで、もちろん歓迎している。だが、マスコミの報道や政府・

与党の説明を聞いていると、「よかった、よかった」で済む話ではない気がしてならない。というのは、**今のまま防衛費を対ＧＤＰ比２％に増やしても、防衛力強化につながるとは限らないからだ。当たり前の話だが、防衛力はカネだけで強化できるものではない。たとえば、政治と自衛隊の間で意思疎通ができていなければ、自衛隊が有効に機能することはない。**

私は１９７２年3月に海上自衛隊に入隊して以来、２００８年8月に退役するまで36年間、奉公した。人生の半分以上を、制服を着て過ごしてきた。海上自衛隊は私の誇りである。しかし、気持ちが暗くなるような現実も見続けてきた。

自衛隊は国を守るための組織だ。つまり戦闘力を持つ実力部隊である。我々現場の自衛隊は戦争、日本の場合は外国からの侵略戦争に勝つために存在する。常に問われるべきは、勝てるのかどうかだ。だが、自衛隊そのものが勝つための組織のあり方として正しいのか、常に疑問に思ってきた。今回行われる自衛隊の大改革で、そうした問題点が是正されるかどうか、最近の論議を聴く限りいまひとつ全幅の信頼が置けないのだ。

私がそう考えるようになったきっかけの一つが、同時多発テロをめぐるドタバタ劇だった。防衛庁と自衛隊が意思の疎通を欠くことを痛感した「事件」である。詳細を思い出すのも苦々しいが、今の自衛隊、そして自衛隊を「管理・運営」する防衛省の問題を理解してもらうため、まずはあの時のことを振り返ってみたい。

「ドラえもん」からの電話

「部長、一刻も早く帰ってきてください」

2001年9月11日、私はハワイにいた。米ニューヨークで3000人近くが犠牲になった同時多発テロ事件が発生し、日本として対応を検討しなければならない。当時、私は海上幕僚監部の防衛部長を仰せつかっていた。防衛部長がいなければ話が進まない。電話で私を急き立てたのは、防衛課長を務めていた河野克俊だった。後に自衛隊制服組トップの統合幕僚長として歴代最長の4年5カ月を務めあげた人物だ。

河野は優秀な男だ。物事を調べ上げ、まとめ、判断する能力が抜群に高い。ニックネームは「ドラえもん」。温和な雰囲気やずんぐりとした体格、そして抜群の対応力から付いた愛称である。見た目はともかく、いつも冷静沈着で、何があっても取り乱すような自衛官ではない。だが、さすがの河野もハワイに電話してきたときは、緊張した声色だったことを覚えている。「9・11」はそれほどの大事件だった。

アメリカも取り乱していた。フォックスニュース、CNN、ABCなどアメリカの主要テレビ局はみな「カミカゼ・アタック」や「パール・ハーバー」とテロップを流していた。アメリカにとって、先の大戦における旧日本軍の「神風特別攻撃隊」の体当たり攻撃や、ハワイ真珠湾攻撃は今でも記憶に残る悲劇だ。だから、航空機がビルに突っ込む姿を見て、すぐに「カミカゼ」を思い浮かべたのであろう。

しかし、日本とは全く関係ない同時多発テロを「カミカゼ」と呼べば、多くのアメリカ人が日本を連想しかねない。そうなれば日米同盟に傷がつく。米太平洋軍（現インド太平洋軍）の広報担当者に「それはないだろ」と申し入れた。アメリカ政府がメディアをコントロールできないのはわかっているが、「ああいう表現は同盟国に対して適切ではないってことぐらいはメディアに言ってくれないか」と頼んだ。

思えば、私がハワイにいたのも、日米同盟の危機に対処するためだった。米海軍との会議だけではなく、もう一つ重大なミッションがあった。当時の田中眞紀子外相をお迎えする役回りだ。田中外相は「えひめ丸」事故を受け、引き揚げ作業を行っていた米軍から説明を受けるとともに、支援のため派遣された海上自衛隊の潜水艦救難艦「ちはや」の隊員を激励するため、出張先の米サンフランシスコからハワイに立ち寄った。

「えひめ丸」事故は、２００１年2月10日にハワイ・オアフ島沖で、米海軍の原子力潜水艦「グリーンビル」が愛媛県立宇和島水産高等学校の練習船「えひめ丸」に衝突した事故だ。「えひめ丸」に乗っていた教員と乗組員5人と生徒4人の計9人が死亡した。最終的に、残る1人の方は行方不明のままとなった。

日米同盟を破壊しかねない重大な事故だった。米軍は日米安全保障条約に基づき、日本が外国軍から攻撃を受けた際は日本になり代わり敵地を攻撃し、戦争を終わらせる役目を負っている。日本と日本人を守るはずの米軍が何の罪もない日本人を一方的な不注意によって殺してしまったのだ。しかも米軍人は1人も死んでいない。日米同盟の危機だった。

「ご遺体を引き上げるとき潜水作業用ゴム手袋を着けたままご遺体に触ってはならない」

「たとえ任務が終わっても、基地の中にいるときは決して歯を見せて笑うな」

海上自衛隊は米海軍に対し、こう助言警告した。基地の外側からは、日本のマスコミがフェンス越しにカメラを構えている。米海軍が「ことの深刻さを分かっていない」と受け止められる行動をとれば、たちまち日米同盟そのものがバッシングを受けかねない。ジョージ・W・ブッシュ大統領の特使としてファロン海軍大将が来日した際は、謝罪の際のお辞儀の仕方までアドバイスした。ファロン大将は身長198センチの大男だ。体を90度折り曲げて、遺族や森喜朗首相に謝罪してもらった。

それだけに、田中外相のハワイ訪問も不手際があってはいけない。私は9月11日の会議に参加する予定だったが、日程を早めて現地入りし、田中外相を案内した。当時の田中外相は国民から絶大な人気があったが、物議をかもす発言も数多く、何が起きるかわからない。「早めにハワイに行って田中大臣をお待ち申し上げ、米側との調整役を行え」。こう指示を受け、ハワイに飛んだ。「お前、大臣のスカートを踏んづけるなよ」とからかう上司もいた。

とにもかくにも田中外相のハワイ訪問が無事に終わり、お見送りして「さあ会議だ」と思ったその日、同時多発テロ事件が発生した。一刻も早くハワイを出発し、日本に帰らなければならない状況だったことは痛いほどよくわかっていた。だが、ハワイから東京に戻るのは、至難の業だった。

韓国の嫌がらせ

同時多発テロを受け、アメリカ全土の空港が閉鎖された。新たなテロが発生しかねないからだ。当然、民間航空機は離陸できない。したがって、ハワイにいた私も日本に帰れない状況だった。

米軍であれば飛行機を飛ばすかもしれない。そう思って掛け合ってみたら、在韓米軍の陸軍司令官（米陸軍中将）がハワイにいて、これから韓国に急遽帰るという。頼み込んで軍用輸送機に乗せてもらうことになった。ハワイから韓国の烏山米空軍基地まで飛び、そこで韓国に入国して首都ソウル近郊の金浦空港か仁川空港で民間航空機に乗るというプランだった。

しかし、一難去ってまた一難だ。今度は韓国政府が「米軍基地の外に出るのはまかりならん」と言ってきた。正確にはハワイの韓国総領事館である。米軍人は地位協定に基づき自由に韓国に出入りできるが、私は日本の自衛官だ。烏山基地の敷地内を一歩でも出れば「不法入国」となるというのだ。韓国に出入国するためには正規の手続きが必要で、少なくとも外交ルートで了解を取らなければならないと伝えてきた。

韓国側の言い分もわからないではないが、あの時は危機だった。この緊急時に何を言っているのか、というのが率直な思いだった。

この年の8月13日には小泉純一郎首相が靖国神社を参拝し、韓国政府はこれに猛反発していた。靖国神社は戦没者を祀る神社であり、日本と韓国は戦争をしていない。それどころか靖国神社には、朝鮮半島出身の旧日本軍兵士も祀られている。日本の首相が英霊に尊崇の念をささげることに対し、なぜ韓国政府が反発するのか、私には理解ができなかった。それはともかく、私が烏山基地を出て民間空港を使えなかったのは、韓国政府の嫌がらせとしか思えなかった。

ここでも米軍に助けられた。韓国国内にも在日米軍関係者が出張していて、これから日本に向けて飛行機を飛ばすという。一緒に乗せてもらい、米空軍横田基地に降り立つことができた。ワールド・トレード・センターのビルに飛行機が突っ込んでから19時間後だった。

あの時、多くの日本の政治家がアメリカに出張中で、足止めを食らったままだった。事件発生から24時間以内に日本に帰ることができたのは、私と随行のもう1人の2人だけだった。まさに日米同盟のおかげで「奇跡の帰国」を果たすことができた。

だが、同時多発テロをめぐり、私が本当の意味で試練に立たされたのは、日本に帰国してからだった。

制服組5人と背広組1人の会議

日本に帰った私は、さっそく、ある会議に臨んだ。

参加したのは、私を含む陸海空の幕僚監部防衛部長3人と、各自衛隊の調整を行う統合幕僚会議事務局の上級スタッフの2人である。統合幕僚会議は2006年3月、平時から有事にいたるまで陸海空自衛隊の統合運用を担う統合幕僚監部に改組されるが、この時はまだ権限の弱い統合幕僚会議で、2人は統合幕僚会議事務局で運用、防衛計画をそれぞれ担当する室長（各幕の部長級）だった。それに防衛庁長官官房審議官を務めていた増田好平氏を加えた6人の会議だ。いわゆる「背広組」は増田氏1人のみ。残る5人はすべて「制服組」だった。

ご存じの方も多いだろうが、ここで背広組と制服組について説明しておきたい。制服組は分かりやすいだろう。文字通り制服を着た自衛官のことだ。訓練に耐え、有事となれば戦地に赴くのが制服組だ。これに対し、背広組は戦わない。その代わり、法律や政策のプロとして防衛相を支える。国家公務員上級職試験をパスした「官僚」と呼ばれる人たちだ。戦闘任務を担う「自衛官」に対し、背広組は「事務官」とも呼ばれている。

ついでに「防衛省」と「自衛隊」の関係も説明しておこう。とかく混乱を招きやすいのは、政府の公式な説明では「防衛省と自衛隊は基本的には同じ組織を指す」となっているからではないか。では、防衛省と自衛隊を言い分ける必要はどこにあるのか。

繰り返すが、自衛隊は戦う組織だ。世界の常識でいえば「軍」ということになるだろうが、憲法第９条が戦力放棄を謳っているため、自衛隊と名付けられたのは、みなさんご承知の通りだ。一方、防衛省は陸海空自衛隊の「管理・運営」を行う行政組織だ。財務省や外務省と同じ種類の組織だと理解してもらえれば大きな間違いではない。旧日本軍でたとえるならば、陸軍と海軍が「自衛隊」に当たり、陸軍省と海軍省が「防衛省」に当たる。外国政府では「軍」と「国防省」は区分されている。何を言いたいかというとアメリカで米国防省陸軍とは言わないということだ。合衆国陸軍（The United States Army）が正式名である。旧日本軍でも海軍省海軍とは呼ばなかった。大日本帝国海軍、短くは日本海軍あるいは帝国海軍であった。ところが、今の自衛隊は、防衛省設置法に忠実であるがゆえと想像されるが、防衛省××自衛隊と公式には表現されている。外国の軍将校や駐在武官からこの理由について時々質問を受けたこともある。この呼称に疑問はあるものの、決して不満があるわけではないが、これこそが自衛隊のおかれた微妙な位置を示す典型的な事例として挙げた次第である。

さらに日本が特殊なのは、防衛省の「内部部局」という組織だ。「内局」とも呼ばれる。内局は法律面や政策面で防衛相を補佐する役割を担う組織だ。「大臣官房」や「防衛政策局」、「人事教育局」といった組織がこれに当たる。この内局の何が特殊かと言えば、多少は制服組が組み込まれてはいるものの、背広組が大多数を占めている点である。局長や課長などの幹部は全て背広組ということになる。制服組は課長以上にはなれないとされてきた。

外国の場合は、日本の内局に当たる組織にも制服組が数多く入り込んでいる。もっと言えば、内局であってもほぼ制服組だけという国もある。戦闘を行うのは自衛官であり軍人である。その制服組を抜きにして法律や政策を考えてみても机上の空論となりかねないからだ。

内局と自衛隊の特殊な関係は、日本においてシビリアンコントロールという概念が誤って「輸入」されたことが背景にある。シビリアンコントロールは日本語で「文民統制」と訳されているが、本来は国民の代表たる政治（家）が軍（人）を統制することを意味する。軍人は最終的に政治家の判断に従わなければならないという考え方だ。それが、どこでどう間違ったのか、日本では政治家ではなく、内局の官僚が自衛官を統制することが「文民統制」ということになってしまったのだ。

その弊害は後に詳しく説明するとして、ともかく防衛省・自衛隊には制服組と背広組が存在する。そして、同時多発テロの直後に集められた、というか自発的に集まったのは、制服組5人と背広組1人だった。ここまで説明すると、私が参加した会議の目的がお分かりになるだろう。テロを受けて自衛戦争を決意した同盟国アメリカを支援するために、自衛隊をどのように動かすか——という運用の具体策を話し合うためだ。自衛隊の対米支援策について自衛隊のみ、つまり各幕僚監部だけで検討して決定することは真のシビリアンコントロールの面から明らかに不適切である。また、現実問題としてそれらの案を政府の政策として実現する上で内局との情報共有は必須である。このため、政治・政策・法律面で防衛大臣を補佐する内局の担当官（審議官）の参画は必須だった。このような判断に基づき背広組の増田氏にも加わってもらったというわけだ。

同時多発テロを受け、ブッシュ大統領は「戦争だ」と言っているし、小泉首相も「日本はアメリカを強く支持し、必要な援助と協力を惜しまない決意であり、このようなことが二度と起きないよう、世界の関係国と共に、断固たる決意で立ち向かう」と宣言していた。つまり、自衛隊も含め、できることは何でもやるということだ。だが、首相官邸では自衛隊に何ができるかわからない。官邸は右往左往する。だから、自衛隊の能力で可能な貢献策をまとめる必要があったのだ。私がハワイから急遽呼び戻されたのは、このためだった。

「テロリストが次に狙う象徴は何か」

さて、自衛隊は米軍に対して具体的にどんな支援ができるのか。各幕僚監部を中心に、陸海空が実現できる支援策を議論した。最終的には、①対テロ作戦を繰り広げる多国籍有志連合諸国に対する輸送・補給等の支援、②米軍の物資の空輸支援——の二つの任務に収斂した。両任務の実施根拠を現行法に求めることができなかったため、国会において「テロ特」と呼ばれた特別措置法を可決した上で実施されることとなった。個人的な感想だが、この際の小泉内閣のリーダーシップと国会運営は見事であると感じた。

このような対米支援策の検討作業中に飛び込んできたのが米海軍の空母の防護問題である。同時多発テロでは、アメリカの「象徴」が次々と狙われた。ワールド・トレード・センターはアメリカの「富」の象徴だった。ペンタゴンは「力」の象徴だ。ニューアーク国際空港を離陸したユナイテッド航空93便は、ペンシルベニア州シャンクスヴィルに墜落したが、狙っていたのはアメリカそのものを象徴する大統領がいるはずのホワイトハウスだった。

在日米軍やアジア地域を管轄する米太平洋軍は、次なるテロリストの攻撃に備え、考えを巡らせた。そうなると、最優先で守るべきは米海軍の空母だという結論に行きつく。空母はアメリカと米軍を象徴する艦だ。甲板では戦闘機が離発艦し、ミサイル巡洋艦や補給艦、原子力潜水艦などを従えて構成する「空母打撃群」は世界中に派遣される。アメリカの力を見せつける役割を担っているのだ。テロリストが米空母を沈めることに成功すれば、ワールド・トレード・センターを倒壊させた以上のインパクトになるだろう。

アメリカの「象徴」を守れ！

こうした中で、横須賀を事実上の母港とする米第7艦隊の空母「キティホーク」が危険な状態に置かれていた。この時、キティホークは横須賀で、エンジンを分解して点検するオーバーホールを行っていた。それがようやく終わり、試験運航しようという矢先に同時多発テロが発生した。横須賀にとどまっていてはテロの標的になりかねない。いちはやく横須賀から出て、テロリストが狙いにくい外洋に出なければならない、というのが米軍の判断だった。さらに米軍は、アメリカが近いうちに発動する対テロ戦争にキティホークを参加させることも予定していた。

だがいずれにせよ、横須賀から太平洋に出るためには、三浦半島と房総半島に挟まれた浦賀水道を通らなければならない。浦賀水道は最も狭いポイントが6・5キロメートルで世界屈指の狭水道だ。海難事故も多く、テロリストの格好の標的となりかねない。羽田空港から飛び立った旅客機が、ニューヨークと同じように燃料満タンでキティホークに突っ込めば、逃げることもできないまま、旅客機突入による大火災と大爆発で同艦の沈没の恐れは極めて高くなる。

「キティホークが横須賀から太平洋に出るまで、自衛隊の護衛艦でエスコートすることはできないか」

米軍の要望を踏まえ、私が会議で提案したのは、自衛隊護衛艦による米空母の護送だった。私は事件当日にハワイにいたこともあり、アメリカと米軍の危機感はよくわかっていた。同盟国として、助けの手を差し伸べるのは当然のことではないか。そう思ったのだが、問題となったのは法的根拠だった。

「調査・研究」というアブナイ橋

　このころは、防衛出動下令以前、つまり平時に自衛隊艦艇が米軍艦艇を護送するための法律は存在していなかった。ましてや、テロリストが航空機で空母に突っ込んでくるときに、自衛隊艦艇はこれを撃ち落とすことができるのか。日本が攻撃され、政府が「武力攻撃事態」と認定し、国会の承認を得て内閣総理大臣が「防衛出動」を発令しなければ、航空機を撃ち落とすことは違法となりかねない。というより、撃ち落とす根拠さえ不明確であった。

　それでも我が国の国益と日米関係を考慮すれば「やらない」という選択肢はなかった。そこでひねり出したのが「調査・研究」だった。防衛庁設置法第5条には防衛庁がつかさどる事務が列挙してある。この第18項に以下のような規定が盛り込まれている。

「所掌事務の遂行に必要な調査及び研究を行うこと」

　これを私たちは「調査・研究」と呼んでいる。これは便利な規定で、「調査・研究」のためなら、かなり幅広い任務を行うことができる。たとえば、海上自衛隊のP3C哨戒機が中国の潜水艦を探して東シナ海上空を警戒・監視する場合、この法的根拠となっているのが「調査・研究」だ。内局と各幕僚監部の事務方がしっかりと条件を詰めた上で、今回のキティホークの護送も、この「調査・研究」でいこうということになった。つまり、もしも有事となった場合に浦賀水道に起こる危険を想定し、その打開策を「調査・研究」するため海上自衛隊の護衛艦を派遣して横須賀から出航するキティホークに随伴航行するという理屈である。

この判断、つまり「調査・研究」条項の適用が尋常でないことはわかっていた。「調査・研究」は武器使用の権限が極めて限定されている。キティホークに攻撃を仕掛けるテロリストを殲滅すれば、法的根拠のない武器の使用と第三者への危害行動となり、関係者は法律違反を問われることになるだろう。

さらに最悪の事態も想定しなくてはならない。たとえば日本の旅客機がテロリストにハイジャックされ、キティホークめがけて飛んできた場合はどうするのか。もしこれを撃ち落とすようなことになれば、乗員・乗客の日本人は死ぬことになる。アメリカの財産である米空母を守るために日本人を犠牲にする。そんなことが許されるのか。もちろん、許されるはずはない。しかし、実際にそのような事態になれば日米同盟のために撃つしかないのではないかという議論がないわけではなかった。というのは、当時、アメリカ本土ではテロリストにハイジャックされれば民間機でも撃ち落とす場合があると発表していたからだ。最悪の事態を想定した頭の体操ではあるが、日本人を乗せた旅客機を撃ち落とすかもしれない護衛艦の活動の根拠は、繰り返すが、自衛隊の任務を定めた自衛隊法ではない。防衛庁設置法に示された「調査・研究」だ。おそらくほとんどの日本人の理解は得られない。いずれの選択肢も、進むも地獄、退くも地獄であった。私はクビを覚悟していた。

そこまでの最悪の事態に遭遇しなくとも、そもそも、自衛隊の活動の法的根拠が防衛庁設置法というのがおかしいのだ。防衛庁は行政組織だと説明した。だが、キティホークを守るため護衛艦を派遣して実質的に護送するという活動を行うのは、戦う組織たる自衛隊に他ならない。それにもかかわらず、法的根拠は自衛隊法には見当たらない。仕方がないので行政組織である防衛庁設置法によって法的根拠を担保するというのは、大小の刀を差した武士が鎧まで着て出ていくのに、「お前の役割は管理であり、大小の使用はあいならぬ」と言われているようなものだ。

それでも当時は「調査・研究」に基づくキティホーク護送という選択肢しかなかった。

制服組5人、背広組1人の会議で出た結論は、佐藤謙事務次官、中谷元・防衛庁長官まで報告されて了承も得られた。これでいくしかない。事の重大性とセンシティビティを直観された佐藤次官は新保雅俊内局防衛課長に「必ず内局から首相官邸に報告せよ」と指示されたと、私は理解している。

やるとなれば、どう見せるかも大事だ。この任務はアメリカに対して「日本はアメリカの友人であり、困った時は共にある」とアピールする目的もある。ならば、マスコミを通じて全世界に発信しなければならない。米軍と調整し、代表取材チーム搭乗の海上自衛隊の「メディア」ヘリコプターを飛ばすことにした。

さあ、あとはやるだけだ。私は目をつぶって祈る思いで、キティホークを護衛する護衛艦を送り出した。

自衛隊の「暴走」と報じられる

2001年9月21日早朝、横須賀を出発した米空母「キティホーク」の前方と後方には、海上自衛隊の護衛艦「しらね」と「あまぎり」の姿があった。鹿島灘上空では航空自衛隊の早期警戒管制機AWACSが飛んでいた。近づく敵不審航空機をいち早く発見し、必要な場合には敵の行動を抑圧するための要撃戦闘機を指揮・統制する。「空飛ぶレーダーサイト」と呼ばれる管制機だ。自衛隊の総力を挙げて、万全の態勢でキティホークを護送した。

キティホークは無事に太平洋に出た。CNNをはじめ、海外メディアも大きく報じた。ああ、無事に終わった。そう思った矢先に信じられない事態が起きた。「権力の中枢」が海上自衛隊に激怒している、という話になったのだ。

「私は聞いていない。こんなことやれと言った覚えもない。一体なんでこんなことになっているんだ」

海上自衛隊の護衛艦によるキティホークの護送が大々的に報じられ、当時の福田康夫官房長官が怒っていると報じられた。これは大変なことだ。官房長官といえば、首相の下で政府の総合調整を行う最重要人物である。その官房長官が知らないうちにキティホークの護送という、これまで日本、あるいは自衛隊が行っていなかった重要任務が行われていたことになる。国民の代表たる政治家によって自衛隊を統制するシビリアンコントロールにもとる事態となりかねない。

この一件はマスコミで「海上自衛隊の暴走」と書き立てられた。野党も攻め立てた。民主党の鳩山由紀夫代表は10月1日の衆院本会議でこう発言している。

「法的根拠のない活動を自衛隊が行ったことになり、法治国家として看過しかねる問題が起きました。対米支援なら法的根拠がなくても行ってよいというわけにはいきません。さらに、こうした自衛隊の活動が官邸の福田官房長官の耳に事前に入っていなかったと報道されていることも、大変危うい問題をはらんでいます」

私は窮地に立たされた。シビリアンコントロールを犯した上に、護衛艦を派遣した法的根拠もあいまいで、その責任は海上自衛隊にあるとすれば、海上幕僚監部の防衛部長だった私は「戦犯」ということになる。

私は再びクビを覚悟した。


なぜ、官邸に報告されていなかったのか……

今となってもわからないことが多い。なぜ官邸に報告されていなかったのか。「しかるべき人に会えなかった」という説明も耳にしたが、当時官房副長官を務めていた安倍晋三氏には伝わっていたとも聞く。人によっては「実は官邸に報告されたが、途中で握りつぶされてしまった」と語る人もいた。私にはことの真相は分からない。

ただ、一つだけ言えることは、当時の自衛隊は官邸に直接出向き、説明することは事実上認められていなかったということだ。制服組だけではなく、当時は防衛庁の背広組も首相秘書官を出していなかった。つまり、防衛庁・自衛隊と首相官邸のコミュニケーション・チャンネルは極めて心細いものだった。こうした中で起こった不幸な行き違いが、キティホーク護送をめぐる騒動だった。

当時の経緯が現在に至るまで明らかになっていない理由の一つは、責任の所在がうやむやにされたからだ。何をバカなことを言っているのかと思われるかもしれない。シビリアンコントロールを犯すような事態になっているのに、うやむやにされるわけがないだろうと。しかし、それが事実だ。

そのわけは、後日ブッシュ大統領が小泉純一郎首相に「サンキュー」と言ったからだと理解している。海上自衛隊の護衛艦「しらね」と「あまぎり」がキティホークを護送してから3日後、小泉首相は米ワシントンに向けて出発した。25日にホワイトハウスで開かれた首脳会談で、ブッシュ大統領は「日本の措置を高く評価する。今後の対応についても日米間で緊密に連絡していこう。引き続き、国際世論の形成のため協力していこう」と感謝の言葉を述べた。日米両政府の間では、首脳レベルだけではなく、さまざまなレベルで日本の貢献に感謝が伝えられた。もちろんこの感謝の言葉はキティホーク護送に絞ったものでないことは確実であるが、当時の日米関係の中で相当大きな位置づけであったように思われる。私は退役後もアメリカ、特にワシントンDCを訪れる機会は多いが、当時を知る何人かの方からは未だに「護送」のお礼を言われることがある。「ブッシュ大統領のおかげでお前のクビの皮はつながったな」。そう茶化す同僚もいたが、それはあながち間違っていなかったと思う。

防衛省と自衛隊は今も意思の疎通を欠く

アメリカ同時多発テロから20年以上がたち、自衛隊と防衛省をめぐる環境は大きく変わった。第3次安倍晋三政権の下で2016年3月29日に施行された安全保障関連法によって、限定的ながら集団的自衛権の行使に道が開かれた。これにより、平時でも自衛隊艦艇による米軍艦艇の防護が可能になった。自衛隊法第95条の2に基づく「武器等防護」だ。

防衛省・自衛隊と首相官邸の意思疎通も徐々にスムーズになっている。２０１３年末には国家安全保障会議が設置されたが、国家安全保障局（ＮＳＳ）には制服組の自衛官もスタッフとして働いている。何よりも、安倍政権になってから統合幕僚長が週に1回程度、定期的に首相に状況説明を行うようになった。自衛隊がどのように動いているのか、最高指揮官たる首相にインプットする場ができたのだ。

いま、20年前と同じようなことが起きても、海上幕僚監部の防衛部長がクビになりかけるような事態にはならないだろう。状況は大幅に改善されたといってよい。だが、それで「めでたし、めでたし」というわけではない。

防衛省設置法第4条の「調査・研究」に基づき自衛隊が活動する悪弊は第3次安倍政権以降も続いている。２０２０年2月2日、中東海域で哨戒機とともに情報収集活動を行うため、海上自衛隊の護衛艦「たかなみ」が横須賀基地から出航した。この法的根拠は「調査・研究」なのだ。

「調査・研究」に基づく活動であれば、日本関連船舶が攻撃を受けた場合は保護を行うが、実力行使により保護する対象は日本籍船に限られる。日本企業が運航したり日本人が乗っていたりしても船籍が外国ならば武器を用いて守ることはできない。自民党内では中谷元・元防衛相が「他国船舶を警護するために必要な武器使用を可能にする法改正を検討しておくべきだ」と主張したと聞くが、法改正は行われないまま自衛隊は「防衛省設置法」で派遣されたのだ。

制服組の自衛官が説明する機会も限られている。軍幹部が議会で証言するアメリカとは異なり、日本では国会審議で自衛隊幹部が答弁することはない。現場のプロの意見を聞かずして、国民の代表たる国会議員が戦闘の問題を審議する状態が続いている。仮にシビリアンコントロールに違反していると批判されても、制服組の自衛官には反論の機会すら与えられない。

防衛省は改めるべき点を改めないまま大改革を進めようとしていると言わざるを得ない。その問題の根本には、制服組と背広組の関係に端を発した病弊がある。筆者自身、制服組とか背広組とか、あえて区別して違いを強調するつもりはない。当然、両者は任務も異なるし組織としての文化や伝統も違いがあり、それが組織の一体感や帰属意識の原点であることも十分に承知している。そうであるとしても、その差異は健全かつ建設的なものでなければならないはずである。また、穏便な関係を優先するあまり、互いに対立する意見の厳しい論議を避ける姿勢などもあってはならない。しかし、客観的に見て、いやもちろん、海自ＯＢとしての体験に基づく「客観的」な立場から見た**現在の防衛省と自衛隊、あるいは制服組と背広組の関係は、最近の防衛省と自衛隊の社会的認知度の向上に反して危うくなっているように見えるのだ。**現役の人たちはそう思わないかもしれないが、ここは一度、原点に立ち返って足元を見つめなおしてもらいたいところである。

キティホーク護送の問題は、私のクビがかかっただけでよかった。しかし、本当の有事になった時、危険にさらされるのは自衛隊幹部のクビではなく、国民の生命と財産、そして我が国の主権そのものということになりかねないのだ。

「事件は会議室で起きてるんじゃない！　現場で起きてるんだ！」

と私は言いたい。

第二章

イージスアショア問題が浮き彫りにした防衛省の独善

装備を扱えない背広組の限界

前章では、防衛省と自衛隊の意思疎通の問題点を検証した。

本章では、防衛省が現場を預かる制服組の専門的な意見を軽視している昨今の風潮について指摘し、その結果として、国民に対する説明責任も果たせなくなっている現状について私見を述べる。

私は自衛官として勤務した36年のうち10年を海上幕僚監部で過ごした。海上幕僚監部とは、旧日本海軍でいえば「軍令部」であり、外国海軍では「海軍参謀本部」だ。海上自衛隊に関する諸計画の立案や部隊の管理・運営に関する事務を行う組織だ、と説明しても想像しにくいかもしれない。要は、お金、つまり全ての事業の基になる予算の要求や使い道、さらには部隊の定員をどうするか、我が国の海上防衛を達成するためにどんな訓練を行うか、どのような装備を導入するかを構想して立案する部署である。

戦闘任務にあたる制服組の自衛官が、東京の海上幕僚監部でそろばんをパチパチ鳴らしながら、予算獲得のために格闘していると聞けば、意外に思われるかもしれない。しかし、海上幕僚監部勤務の自衛官にとって、予算獲得はまさに戦争だ。私も課長になるまでは担当者として合計6年半にわたり昼夜なく事務作業に明け暮れていた。

ここで各自衛隊の予算要求作業を簡単に説明すると、一般的には次年度の政府予算案が前年の12月に決定された後、1月から4月中旬にかけて各幕僚監部でそれぞれの自衛隊の次年度予算案を策定する。まず、ここでかなり厳しい幕僚監部内の審査が行われ、審査落ちとなる事業が大量に出てくる。この案を4月中旬から内局に説明し、以後3カ月ほどをかけた内局と各幕僚監部の論議を経て、8月末に防衛省の次年度予算案が決定される。

この過程では、査定する側の内局と査定される側の幕僚監部で相当突っ込んだ論議が行われて要求内容が固まってゆく。税金を使用した防衛予算案を決定する以上、時として白熱もし、また険悪なムードになることもある。特にイージス艦導入などの重要案件は、妥協を許さない雰囲気の中で厳しい論議が行われることが常である。しかし、これは、単に査定する側の内局と、査定される側の自衛隊の対立という不毛な戦いではない。我が国の防衛能力の向上という共通目標を達成するための厳しい事前審議であるのだ。

予算要求後に財務省や国会での論議に耐え、主権者である国民に対して十分かつ明快に説明できる防衛省予算案を作ることが究極の目的だ。このため、審議でみせる内局と幕僚監部の対立は、生産的で一体感のある「対立」なのである。

余談となるが、筆者の経験では、内局との審議において、相手が憎くなるほど厳しい議論をした担当者ほど、その後の人間関係や信頼感は深く、関係も長く続いたといえる。それが人情であろう。

このような作業を経て8月末に防衛省は次年度予算の概算要求を決定して財務省に提出する。以後は他省庁予算と同様に9月から12月まで次年度予算案の審議が財務省との間で続くが、これまた厳しい日々の連続だ。ここで誤解を防ぐためにあえて言及すると、概算要求を提出した後は、内局と幕僚監部は一丸となって、財務省を説得するべくスクラムを組んでコトにあたる。この取り組みを「内幕一体」と呼んでいた。これらの審議を経て、多くの場合12月後半に次年度予算政府案が決定され、政府の予算案の取りまとめが行われ、以後国会における予算審議となる。

財務省を説き伏せ、ようやく政府の予算案に自衛隊が要求する事業が盛り込まれる。しかし、その先には最大の関門である国会の予算審議が控えている。もちろん、そこでは厳しい野党の追及が待っている。野党は、政府の答弁に納得しなければ審議をストップする。そうなれば政府全体の予算審議に影響を及ぼす。「海上自衛隊関連の説明に不備があって国会を止めたら、俺たちはクビだ」。まさに、そんな思いで予算作業をやっていた。

だが、制服組の自衛官にとってつらいところは、予算編成の最終責任が必ずしも我々にはないという点だった。もちろん「こういう装備がほしい」「こういう施設を作らなければならない」という要求はする。しかし、その要求が適切かどうかを防衛省として最終的に判断し決定するのは背広組の官僚である。つまり、行政組織たる防衛省の内部部局の仕事なのだ。

戦闘組織たる自衛隊の制服組は、装備や人員増の必要性を努めてわかりやすく説明しようとはするが、戦闘の専門知識を必要とする問題は官僚にとって一朝一夕に理解できるものではない。内局と自衛隊の対立案件や、内容が極めて複雑な自衛隊の要求に関して背広組が制服組の説明を本当に理解できているのか心もとない。せめて、査定する側に制服組の自衛官がいてくれれば、という思いが消えることはなかった。

こんなことを思い出したのは、2022年8月8日に共同通信が配信したニュースがきっかけだった。「制服組自衛官、防衛予算を査定　文民統制に影響懸念も」というタイトルだ。防衛予算の概算要求をまとめる際に陸海空自衛隊からの予算要求を内局だけが査定していたが、２０２３年度予算の概算要求からは制服組中心の統合幕僚監部が査定に加わるという話を報じている。この記事では「制服組の意見が強まって権限強化が拡大すれば、旧軍の暴走を許した戦前の反省に立つ、政治が軍事に優越するとの「文民統制」の原則が脅かされる懸念もある」とも書いてあった。

共同通信の記事は、防衛省・自衛隊の関係の現状のいびつさを余すところなく伝えている。まず「文民統制」つまりシビリアンコントロールに対する理解が根本から間違っていると、私は思う。これは後の章で詳しく述べるとして、ここで重要なのは、今まで予算の査定に制服組が加わっていなかったという点だ。現場で予算要求に当たってきた私たち自衛官からすれば常識なのだが、自衛隊の予算審議は途中から内局を介することから制服組の出番が激減する。このことを十分に理解している国民は少ないのではないだろうか。

制服組は戦闘のプロだ。そして背広組は、法律や予算、政策のプロだが、戦闘については素人だ。言ってみれば、外科手術を知らない病院事務局が医療機器や人員、組織の

在り方について判断をしているということになる。みなさんは優秀な外科医が最新医療機器導入の予算査定や医療業務の管理運営の中核部分にも加わっている病院と、手術をしたことのない素人だけで予算査定や病院の管理を行っている病院なら、どちらの病院で手術を受けたいであろうか。

国民への説明責任は果たしているか

少なくとも今の内局は、外科手術に関する知識がないのに、手術の細かい内容にまで事細かに指示を与えようとしている組織の様に見える。もちろん、病院運営にあたっては、外科手術以外のさまざまな要素を考慮に入れなければならない。患者さんの経費負担、病院の財務状況、医者の技術を向上させるための制度、医者の配置、患者さんが社会復帰するまでのプログラム、そして医療の基本となる医療法規など、考えるべきは幅広い。これを全て外科医に任せるのは、もちろん誤りだ。

事務や管理のプロがいなければ病院経営は成り立たないであろう。防衛省・自衛隊も、法律、政策、予算、国会対策等のプロが必要なのは言うまでもない。ところが、今の防衛省は、背広組の官僚が「肝臓のここを切り取れ」とか「この手術にはこんな医療機器は必要ない」とかいったことまで指示しているように映る。

世界的に見て、このような防衛省・自衛隊の関係は極めて異例だ。外国政府では、日本の内局に当たる組織にも制服組が数多く入り、予算査定も含めた法律、人事、政策に関する事務に当たっている。当たり前の話だ。**素人のみで査定した予算で必要な装備の導入ができないまま戦えば、その国の存立が危機に陥る恐れがあるからだ。**多くの民主主義先進国において、制服軍人が国防省の中枢に配置されていることは、シビリアンコントロールの侵害だ、といった声は聞かれない。とすれば、自衛官は問答無用の悪者なのであろうか。ここで紹介したマスコミの論調ほど情けなくかつ残念なことはない。

さらに私が問題だと考えるのは、予算と装備の費用対効果を説明するためには軍事知識が不可欠なのに、背広組だけで査定していては非常に心もとないという点だ。なぜこの装備にこれだけの予算が必要か、という説明が十分にできるとは到底思えないのだ。先に述べた幕僚監部と内局の予算論議及び内幕一体の体制を採った対財務省説明で内局側の理解は深まるもののそこにはおのずと限界がある。「講釈師、見てきたような……」となりかねない。

本来なら、プランA、B、Cがあれば、Aは1000億円の予算が必要で、性能はそここだとすれば、プランBは800億円で済むがプランAと比べて性能は劣る、プランCの性能はとびきりいいが、予算は2000億円にまで跳ね上がる。この様な選択肢の中で最適なものを求めるため、それぞれのプランを科学的手法で評価し、総合的に比較した結果として、防衛省はプランAを最適と考える、という具合に説明してしかるべきだ。こういう説明がなければ国民の代表、つまりシビリアンコントロールの真の主役である国会議員は予算案が適切かどうか判断できないし、国民だってその是非を判断できない。

しかし、最近の防衛省・自衛隊がこうした説明を丁寧に行っているようには見えない。それは予算査定をめぐる制服組と背広組のいびつな関係が影響しているように思えてならない。その最たる例が、当初陸上配備を想定していたイージスアショアが、よくわからない経緯で、現在のイージスシステム搭載艦に変わった今回の一連の騒ぎだろう。今述べたような比較検討などがなされないまま、内外の批判と疑問に晒され、いつの間にか、節度なくダラダラと変更し、現在の防衛省案であるイージスシステム搭載艦を導入することになっているのだから。

「説明していない」のではなく、「説明できない」？

イージスシステム搭載艦とは、防衛省が秋田県と山口県で進めていた地上配備型弾道ミサイル迎撃システム「イージスアショア」の配備計画を断念したことを受け、その代替手段として選ばれた装備計画だ。

「イージス艦」という名前は、いろいろなところで報道されているので、聞き覚えがある方も多いと思う。ただ、これに「イージスアショア」とか「イージスシステム搭載艦」などが加わると、何がどう違うか混乱する方もいるかもしれない。防衛問題に強い関心がある読者はすでにご承知のこととかとは思うが、イージスシステム搭載艦の問題点を明らかにする前に、「イージスシステム」「イージス艦」「イージスアショア」「イージスシステム搭載艦」について、少し詳しく説明しておきたい。

「イージスシステム」とは、米海軍の開発した防空システムで、4方向に設置された3次元のレーダーにより多数の目標物、敵などを探索できるシステムだ。

「イージス艦」は、このシステムを搭載した艦艇で、海上交通の安全確保に当たる護衛艦隊群の防空中枢艦として整備された。

「イージスアショア」とはイージス艦の陸上版にあたる。特徴は陸上に根を張った固定基地に配備したイージスシステムによる、弾道ミサイル防衛を中心とした広範囲の国土の防空である。広範囲とは本システム２基で北海道から南西諸島全体をカバーできると防衛省は説明している。

「イージスシステム搭載艦」とは、イージスアショアの我が国内配備が困難となった事態への代替のシステムである。陸上に「根を張った」イージスアショアとは異なり、イージスアショアと同じ性能のシステムを大型艦に搭載、つまり洋上を移動しながら我が国土の広範囲の防空に当たるものと考えられるが、細部の構想を防衛省は公表していない。本書出版後も、まだまだ細部が変化することも考えられる。

ここで、イージスシステム搭載艦レーダーの仕様変更について補足説明が必要となる。現在想定しているレーダーは、本来陸上システムとして防衛省が選定したものであり、そのまま運用環境が大きく異なる洋上で使用できないため大きな仕様変更が必要となった。現在はこの仕様変更に応じたレーダーは製造中とされている。この仕様変更はこれまで何回か論議された価格上昇と技術リスクの一因と考えられるが、これまた防衛省の説明はない。

ちなみに、艦上システムをそのまま陸上に転用する米海軍のイージスアショアは、運用環境が厳しい海上から、相対的に「穏やかな」陸上への転用であり、仕様変更の規模は、防衛省構想のイージスシステム搭載艦よりもはるかに小さいことは確実である。

さて、実をいうと、私はイージス艦一番艦の導入に担当者としてかかわっている。海上幕僚監部でイージス艦の導入に向けた事前研究作業を始めたのは1983年ごろだったと記憶している。当時のソ連軍はマッハ3級の超音速ミサイル（注　これは今話題の極超音速対艦ミサイルとは異なる、高速であるが通常の対艦ミサイル）や超音速爆撃機バックファイア、最新鋭の電子妨害機の導入を進めており、当時海上自衛隊が配備を進めていた従来のミサイル護衛艦では対処が難しいと目されていた。このため、新たなミサイル護衛艦として検討対象にしたのがアメリカで開発され、当時一番艦が就役したばかりのイージス艦だった。

イージス艦の中核となるイージスシステムはアメリカが開発したもので、フェーズドアレイレーダーと当時最新のデジタルコンピュータを使用した高度な情報処理・射撃指揮システムにより、200を超える対空目標を追尾し、10個以上の目標を同時攻撃する能力を持つ。このシステムの総称が、ギリシャ神話の最後の防御の砦となる「盾」を意味するイージスであり、これを搭載した巡洋艦と駆逐艦をイージス艦と呼称した。

　当時「超」高性能であったイージス艦は、海上自衛隊からすれば喉から手が出るほど欲しい艦だったが、高価格とアメリカの最新技術保護政策に照らせば、対日売却提供は難しいと思われた。このような中、アメリカ政府がイージスシステムを我が国へ売却してくれそうだということで、１９８４年に防衛庁に「洋上防空態勢プロジェクト」を設置し、本格的な検討が始まった。防衛庁がプロジェクトを設置したのは、イージス艦導入のような一大プロジェクトの事業化は内幕一体でしっかり疑問点や実現の可能性を詰めて事業の精度を高めた上で、以後の予算要求作業を進めるためである。当時の内局と海上幕僚監部の責任感と決意の表れであった。

　その後、１９８７年に行われたイージス艦一番艦の予算要求に対する大蔵省（現財務省）側の極めて厳しい説明要求は担当筆者にとって「鬼」とさえ思えるものもあった。簡単に首を縦に振ってもらえるような案件ではなかった。例年の一般的な要求説明の倍以上の時間が経過したが、大蔵省担当者の厳しい態度からは、イージス艦導入の前途に光明は見えなかった。その細部はこの後述べるが、大蔵省も前例のない高性能かつ高額装備導入の可否を判断する上で、導入を認めた場合には後に控える国会審議と、主権者であり納税者でもある国民に対する予算査定機関としての強い責任感があったことは、説明を担当した筆者にも強く理解することができた。

当時は、米ソが対立する冷戦時代のど真ん中、つまり中国の脅威はほとんど意識されていなかった。そのころは、アメリカにとっても、日本にとっても、ソ連が最大の脅威であったが、防衛庁・自衛隊にとって深刻な「脅威」は他にもあった。当時の大蔵省と野党第一党の社会党だ。

ひょっとすると、若い人はびっくりするかもしれない。当時の野党第一党は、自衛隊の存在を堂々と憲法違反だと主張していた。しかも、安全保障政策は「非武装・中立」だ。つまり、軍隊はおろか自衛隊さえ持ってはいけないし、アメリカと同盟を組んでもいけない。非武装・中立を貫いていれば日本は侵略されることもないし、世界は平和になるという考え方だ。当然ながら、社会党はことあるごとに防衛予算に噛みついた。少しでも甘いところがある予算要求などは最初から予算審議さえしてもらえない。我々海上幕僚監部も、そういう緊張感の中で予算を要求しなければならなかった。

そんな時代状況の中で、大蔵省への説明を難儀の末に何とかクリアして、政府予算案決定、次いで国会審議を経てイージス艦建造予算が認められた。イージス艦一番艦「こんごう」の建造が始まったのは1988年度であり、米政府の内諾を得てから本艦建造開始までの期間は、足掛け6年を費やしたことになる。

ここで最後まで大蔵省が徹底的に詰めたことは、防衛効率の問題だ。どれぐらいの予算を投入したら、どれぐらいの効果が得られるか、という事である。防空能力を高めるためにイージス艦に替えて従来のミサイル護衛艦の増勢ではだめなのか。あるいは戦闘機の追加購入で洋上防空能力は上がらないのか、といったことを厳しく問われた。国会審議で追及された際には、当然ながら世間一般が納得できる説明が求められる。

たとえば、イージス艦は当時1隻1500億円だとして、2隻購入すれば3000億円になる。F15戦闘機は1機100億円だから、イージス艦2隻分の3000億円を費やせば30機になる。そのF15を配備して防空態勢を取るとして、2カ月ぐらい作戦を行えばどうなるか。F15の作戦効率を1とすれば、イージス艦は1・2になる。これに加えて維持経費などを考えると、F15の全経費を1とした場合にイージス艦は0・7で済むというような、事の性格上公表ができない性能に関わる秘密情報には触れない形でイージス艦導入の正当性を、主として費用対効果の相対比較結果で示すことにした。そこに我々の知恵があった。

こうしたことを澱みなく証明できるデータをまとめるために延々と作業を行った。徹夜が続くこともある。スタッフの疲労も限界に達する。だが、当時は自衛隊が憲法違反と批判された時代だから、そこまで準備しなければならなかった。同時にそのような澱みのない説明をするのが防衛組織として当然という雰囲気も強かった。国民に対する責任感でもあった。

そういう経験をした人間からすると、**今の予算編成、特に防衛省の予算要求が本当にそこまで詰めたものなのか、疑問に感じざるを得ない。それは端的に言って「説明していない」のではなく、相対評価も併用した作業を行っていない結果として「説明できない」ということではないのか。**冷戦時代のような保革対立の緊張感が薄らぐ中で、戦闘のプロたる自衛官を予算査定から排除し続けていれば、イージス艦一番艦のような、あらゆるデータを駆使した比較結果に基づくきちんとした説明ができるはずもない。

ここで念のためにあえて説明すると、筆者が当時行ったことは、防衛庁内の予算案審議で、イージスシステムの有効性と必要性を庁内向きに説明すること。また、大蔵省に予算要求する防衛庁の背広組の担当者に陪席し、担当者になり替わって説明することであった。つまり、内幕一体の対大蔵省説明といえども、予算の査定そのものには全く関係していなかったのが実態である。

それはともかく、冷戦が終わり、北朝鮮の核・ミサイルへの脅威が高まると、イージス艦はそれまでとは違う使い方をされることになる。つまり、本来のイージス艦の海上作戦における防空任務に加え、北朝鮮の弾道ミサイルをイージス艦で探知し、究極的には撃ち落とすミサイル防衛の一翼を担うという新たな役割がイージス艦に与えられた。

確認しておくが、イージス艦はミサイル防衛のために導入された艦艇ではない。もともとはソ連軍の超音速ミサイルや超音速爆撃機に対処するために取得が決まった装備である。つまり、敵の航空機や対艦ミサイルから艦隊を守る艦であり、弾道ミサイルを撃ち落とすための艦ではないのだ。

イージスアショアをめぐるお粗末な対応

ちなみに、日本のミサイル防衛は、北朝鮮の脅威が現実のものとなった１９９８年頃には、既に海上自衛隊と航空自衛隊に配備していた対空ミサイルシステムを母体とした２段構えで組み立てられてきた。つまり、北朝鮮が日本に向けて弾道ミサイルを発射すれば、まずは海上自衛隊のイージス艦が迎撃ミサイルＳＭ３を発射し、日本海中部高々度で迎撃する。すべてのミサイルを完全に迎撃する保証はないので、撃ち漏らした場合は次なる手として、着弾直前の低高度で航空自衛隊の地対空誘導弾パトリオット（ＰＡＣ３）が迎撃する。こういう仕組みだ。

とはいえ、当時は北朝鮮もそれほど激しく活動していたわけでもなく、ミサイル発射も散発的だったから、イージス艦の展開も今に比べればその頻度は遥かに低く展開期間も短かった。

ところが、２０１６年以降に北朝鮮のミサイル発射が相次いだことにより、イージス艦の業務は激増する。何時撃つかわからない北朝鮮の弾道ミサイル発射に備え、イージス艦がずっと洋上に留まらざるを得なくなったのである。ひどい時には何週間も休みなく任務が続く。乗組員は体力の消耗のみならず、心身にも相当なストレスも抱え込んでしまった。極めて深刻な事態になったのだ。

そもそも近年は中国軍の台頭により、自衛隊にとって「中国正面」が主戦場となっている。北朝鮮ばかりに目を向けているわけにはいかない。イージス艦を本来の任務に就かせるための切り札として、新たに導入が決まったのがイージスアショアだった。

前述したが、イージスアショアは、イージス艦に搭載しているアメリカ製の迎撃ミサイルシステムの陸上版だ。高性能レーダーで弾道ミサイルを探知し、迎撃ミサイルSM3で迎え撃つ。北大西洋条約機構（NATO）のミサイル防衛の一環として、2016年からルーマニアで運用が始まり、アメリカ・ハワイにも実際の迎撃能力を検証する実験施設がある。この弾道ミサイル防衛専従部隊としてのイージスアショアが日本に導入されれば、イージス艦の負担は軽くなり、本来の任務に専念することができるというわけだ。

2018年、防衛省は陸上自衛隊の新屋演習場（秋田市）と山口県の陸自むつみ演習場（萩市、阿武町）への配備を決めた。しかし、地元からは、次々と疑問が投げかけられた。当初、懸念が高まったのは、人体への影響だった。イージスアショアのレーダーは強力な電波を発するので、当然の不安だった。しかし、防衛省はおざなりな調査で「人体に影響は及ぼさない」と繰り返した。筆者に複数回取材にきた地元紙の『秋田魁新報』は、どちらかというと自衛隊に理解のある新聞だった。それにもかかわらず、防衛省は記者の質問に木で鼻をくくったような対応しかしていなかったと聞く。

不信感を持った『秋田魁新報』は、防衛省の調査報告を徹底的に読み込み、調査のずさんさを明らかにするスクープを発して新聞協会賞を受賞する。防衛省は調査の誤りを認め謝罪し、配備候補地を再調査することになった。さらに追い打ちをかけたのが「居眠り事件」だ。2019年6月8日に秋田市で開いた住民説明会で、東北防衛局の職員が居眠りをしてしまったのだ。

ずさんな調査や居眠りだけであれば、イージスアショア配備を断念せずに済んだかもしれない。しかし、決定打となる問題が潜んでいた。迎撃ミサイルSM3発射直後に切り離される加速用ロケットであるブースターが、市街地に落下するのではないかという懸念と疑問が生じた。防衛省は、「ブースターは演習場内か海上に落下させられる」と説明したのだ。**防衛省がこんなとんでもない説明をしたのは、善意に解釈すれば「その時点での窮地を切り抜けるために根拠なく咄嗟に答えてしまった」のであり、悪く言えば「後先を考えずに現地の方を欺いた」ということになる。**ここで、なぜ「その点は不明ですので確認させてください。いましばらく時間をかけさせてください」といえなかったのか。

繰り返すが、この説明は間違っている。ブースターが周辺の市街地に落下しないようにするためには、大幅改修が必要だと分かったのだ。こんなことはアメリカに問い合わせるまでもない、筆者のような「ミサイル撃ち」にとっては常識である。結果、ソフトウエアとハードウエアの改修に10年以上がかかり、2000億円近い追加費用が必要ということになった。アメリカにとってもブースターの落下制御という、対空ミサイル出現以来初の質問と要請に当惑したことは確実である。米軍としても、防衛省からの突然の問い合わせには驚くばかりで、そうした見積もり算定根拠も確たるものを持ち合わせていなかった、というのが本当のところであろう。

このような問題を抱えつつも防衛省は、イージスアショアの取得経費は1基1200億円との見積もりを発表した。つまり、2基で2400億円ということになる。これにブースター落下管制のための約2000億円の追加経費が必要となるので、イージスアショア配備は断念するというのが防衛省の説明だ。

防衛省が改修の必要性を認識したのは2020年5月下旬と説明している。河野太郎防衛相がイージスアショアの配備断念を安倍晋三首相に伝えたのは、この年の6月12日だった。そして同年12月9日、菅義偉内閣の岸信夫防衛相が自民党国防部会・安全保障調査会の合同会議に出席し、代替策を示した。イージスアショアで使うはずだった弾道ミサイル防衛システムを護衛艦に搭載し、「イージスシステム搭載艦」2隻を運用するという。これなら、ブースターが市街地に落下することはなくなるからだ。

驚くのはこの結論を出すまでの短さである。イージスアショアの問題発覚から配備断念を発表するまで約3週間。そこから代替策としてイージスシステム搭載艦を導入すると発表するまで約半年だった。私の現役時代に導入されたイージス艦は建艦に着手するまで約6年をかけたと説明した。それも、運用の専門家である海上自衛隊の検討を基に海上幕僚監部と内局がスクラムを組んで、数種類の定量分析も併用した取り組みにより、ようやく実現したのである。約半年という期間がいかに短いか、お分かりいただけるだろう。

しかも、**この検討はミサイルの専門家である各幕僚監部の参画はほとんどなく、内局だけで決定したと言われている。**これは、情報秘匿を優先したための措置と言われているが、これでは「見切り発車」と批判されても仕方がない。本来であれば、数年間かけて検討に検討を重ね、それぞれの選択肢の費用対効果を示し、その上で導入する装備の必要性を説明するという作業が必要だった。逆に言えば、短時間での決心をするのであれば、時間が限られているからこそ制服組のミサイル専門家を加えた検討態勢により結論を出すのが常道ではなかったのか、という疑問もわく。

その根底にあるものが、国民に対する防衛省の責任感の欠落と、高価格・高性能装備を国民の前で一点の曇りなく説明し、導入を実現しようという防衛省と自衛隊の決意と覚悟の欠落であるように思えてならない。

海上自衛隊が手を挙げるべきだった……

少し脱線するが、このイージスアショアは陸上自衛隊が運用することになっていた。私はこれが情けない。なぜ、海上自衛隊が「我々が受け持つ」と言わなかったのか。イージスアショアは、これまで海上自衛隊が長年運用してきたイージス艦に搭載されたシステムを陸上に移し替えた装備だ。自衛隊の中で、イージスシステムに一番詳しいのは海上自衛隊だから、イージスアショアも海上自衛隊が運用しても全く不思議ではない。特に、要員の訓練と後方支援などを含めた全般運用及び導入に関わる日米調整の複雑さと困難さを最も理解している海上自衛隊であるからこそ、そうすべきではなかったのかと考える。

しかし、海上自衛隊は慢性的な人手不足に悩まされている。陸海空の中でも海上自衛隊の人員確保が大変になっているのはなぜか。それは、洋上でスマホを使うことができないからだといわれている。今の若い人にとって、スマホは生活の必需品だ。ところが、イージス艦や潜水艦の乗組員になれば、自分の艦が今どこにいるかという位置情報や任務を隠さなければならないためスマホは使えない。そもそも、はるか洋上に出ればすぐにスマホ電波の到達圏外になってしまう。それで人気が落ちたと言われている。

加えて、イージス艦の仕事は、先述した通り、昨今大変な激務になっている。北朝鮮による弾道ミサイル発射が相次いでいるため、警戒・監視態勢を一瞬たりとも緩められない。弾道ミサイル対処だけではなく、中国やロシアの航空機が近づいてきた場合の防空任務も必要だ。その合間には訓練も行わなければならない。かつて最新鋭装備のイージス艦は海上自衛官の間で乗艦希望が殺到する人気だったが、いつの間にか希望者が少なくなってしまったと聞く。寂しい限りだ。

そういう事情もあり、我が国の弾道ミサイル防衛体制を整備するとともに、イージス艦の負担を減らすため、イージスアショアが導入されることになり、運用するのは陸上自衛隊ということになった。

それなりの道理があることは理解できるが、私なら、たとえ陸上配備されるイージスアショアであっても「イージスシステムの面倒を俺たち海自が見ないで、誰が見るのか。俺たちが面倒を見るから所要の隊員数、たとえば要員を５００人あるいは１０００人増やしてくれ」と言っていただろう。イージスシステムの戦力化を限られた時間で成し遂げることは極めて困難であり、イージスと初対面となる陸自にとってはなおさらである。極言すれば、海上自衛隊がこれまで30年間で歩んできた道を、最初から陸自は歩まなければならないのだ。力の空白を生み出さないためにも、弾道ミサイル防衛体制は早期完成が求められる。これが防衛の基本だ。しかし、自衛隊のリーダーは誰もその基本に立ち返ってモノを考えなかったのではないか。残念である。

さらに脱線するが、海上自衛隊の人手不足も、やろうとすれば解決できる問題だ。艦に乗る海上自衛官は、出航中は土日も祝日もなく働いている。おそらく年間20から30日ぐらいは土曜日、日曜日をつぶしているのではないか。もちろん、代休制度もあるが、停泊中も整備や訓練があるため完全にカバーし切れていない。そうであれば、出航によって失われた土日は買い取る制度などを導入してはどうだろうか。現行の労働基準法などの関連法規では休日の買い取りは違法であるかもしれない。それを承知の上で、あえて提案してみたいと思うのだ。自衛官だって人間だ。武士は食わねど高楊枝ですべてが乗り切れるわけではない。買取手当という形で自衛官に報いる「国の意思」を示せば、意気に感じて艦艇に乗り込む若者も増えると考える。同じような発想である返済不要の奨学金制度などの隊員支援制度を防衛省ではなく政府として検討しなければ、将来の自衛隊は人手不足で維持できなくなることは目に見えている。

日本よりもはるかに軍隊への理解と支持が高い米海軍でさえ同じような悩みを抱えている。しかし、米海軍の場合、一例をあげると、原子力潜水艦の乗組員は5年間勤務期間を延長する隊員の給与を5万ドル（年間1万ドル）増額していると聞く。日本円にして700万円近くだ。日米で法律が異なることは承知の上であるが、なぜ自衛隊も同じような発想に立った施策ができないのか。自衛官は他の国家公務員と同列に扱われるので、そうした措置はなかなか認められないという「現状で良し」とする時期はとうの昔に過ぎたという認識が必要である。

ツケを払うのは国民だ

話を元に戻そう。十分な検討期間を経ずしてイージスシステム搭載艦の導入が決まった結果、ツケを支払わされるのは国民だ。

これから導入されるイージスシステム搭載艦の導入費は当初、2隻で4800億円以上と試算されていた。これと原計画のイージスアショアの導入費2400億円に改修費

２０００億円を加えた計４４００億円を比較すれば、両者の間にほとんど変わりがないと防衛省は説明する。しかし、装備は導入すればそれでおしまいではない。イージスシステムを載せる自衛艦は、燃料代や整備費も巨額に上るため、導入費に維持費も含めたライフサイクルコストを陸上装備の場合と比較しなければ、まっとうな比較はできない。さらに、通年の運用に加えてイージスシステム搭載艦の大規模定期修理や近代化改修も考慮すれば2隻では不足する。こうしたことも考慮しなければならない。

そんなことは、プロならちゃんと分かっているはずだ。しかし、防衛省は、いい加減な説明を住民相手、有権者相手に平気で押し通そうとする。どうしてこんなことが起こるのか。イージスシステムや対空ミサイルに精通した専門家の検討作業への参画が排除されているか、参加しているのであれば専門家の意見が無視されているとしか思えない。前述したが、巷では情報保全を優先した結果として制服の専門家を排除したとも言われている。真相は不明だ。しかし、**長年、ミサイルを撃ってきた現場の人間から見ると、防衛省がシステム選定の段階から、内局のみで性能比較やコスト算出作業を進めていたことが容易に想像できるのだ。**もし、そうであるとすれば、かつての「内幕一体」はいずれかの時点で蒸発したということになる。

2021年5月の『朝日新聞』によると、防衛省の試算ではイージスシステム搭載艦のライフサイクルコストは9000億円近くになったという。これに対し、イージスアショアのライフサイクルコストは2019年時点で約4400億円と見積もられていたので、改修費2000億円を上乗せしても6400億円にとどまる。イージスシステム搭載艦のライフサイクルコストは1兆円以上に膨らむ可能性も指摘されている。このまま現在の事業を進める場合、原計画のイージスアショアと今のイージスシステム搭載艦の間で2倍程度の経費差が生じる恐れさえある。

さらにいえば、本来なら経費を圧縮できる方法があるのに、その手立ても取られていない。やや専門的な話になるがお付き合いいただきたい。

防衛省がイージスシステム搭載艦向けに契約しているレーダーは、米ロッキード・マーチンの「SPY7」というレーダーだ。さらに、イージスシステムは「ベースライン9」と呼ばれるバージョンとなる。しかし、この組み合わせで運用する戦闘組織は、世界広しといえども日本の自衛隊だけだ。その意味するところは、日本政府が単独で負担しなければならないコストが大きくなるということだ。

防衛システムは、メーカーから引き渡されたら、それで終わりというわけにはいかない。いざ使ってみても、不具合やバグ（ソフトウエアに起因するコンピュータシステムの作動不良等）が生じることは日常茶飯事だ。工場内の試験施設と海上という現場の間の予想しない運用環境の差などが原因である。極端な例を示すと、洋上の湿度と絶縁が想定外であったために電子回路が作動不良となりシステム全体がぶっ壊れたこともある。そのような単純な原因探求でさえ数カ月を要した例さえある。不具合が見つかった場合、いうまでもなく弾道ミサイル防衛体制に穴をあけないために早期の改修が必要になる。家電のようにメーカーに「不良品だ」と文句を言って解決する話ではない。導入しているのが日本だけならば、日本政府が単独で改修費を負担することになる。さらに、不具合の原因を探求するといっても、特注システムなので原因が究明できる専門家の数も少ないはずだ。とすれば、短期間で修復できない危険性も高いのだ。

そうならないように、すでに米軍が使っているシステムを採用するのが賢い節約術だ。米海軍は米レイセオン・テクノロジーズの「ＳＰＹ６」と「ベースライン10」のイージスシステムの組み合わせを２０１３年に採用している。ヨーロッパのルーマニアに配備されているイージスアショアもこの組み合わせで改修される。さらにポーランドに追加配備されるシステムもこの組み合わせになる。自衛隊もこちらを採用すれば、改修費はアメリカやNATO諸国と分担できる。なおかつ、数多くの国が使うのでシステムの信頼性も高くなり、導入後の維持改善も容易である。防衛省はイージス搭載艦に採用する「SPY7」の性能が「SPY6」よりも優れていると説明しているが、まだ誰も使ったことがないシステムの優位性をカタログだけ見て判断しているに過ぎない。

参考までにあえて言えば、米海軍の次期艦載防空レーダー選定において米海軍が採用したものが今日のSPY6であり、不採用としたものが防衛省が採用した話題のSPY7の原形である。

その結果、当然ではあるが「SPY7」は米軍では1セットも採用していないのである。SPY7において技術を応用した母体とされる米本土防空用の長距離レーダーLRDRは1セットのみアラスカに設置されたばかりであるが、防衛省はLRDRのどの部分の技術を応用したのかさえ明らかにしていない。単にLRDRの優れた技術を応用したと繰り返すのみである。

国民に対して誠に不誠実だと思うのは、防衛省が「細部は米軍の秘密であり公表できない。アメリカから確信を得た説明を受けているのでそこは信用してほしい」とマスコミ関係者を中心に説明していることである。採用検討時に具体的な性能の数値を明らかにしないことは防衛装備導入では当然であるが、イージス艦一番艦導入時のような相対比較、つまり候補Aの指標を「100」とする場合の候補Bは「97」であるといった具合に、選定根拠を国民に示すことができるにもかかわらず、防衛省は全く動かなかった。その後、多くの専門家からの疑問や質問が示され、報道もされたが、防衛省は、当初の選択を「是」として、詳しい説明をしないまま強引に押し切り、今日に至っている。

防衛省は、システム選定は、それぞれの性能を比較した結果と説明しているが、ここにも「誤り」があるといえる。システム性能の優劣は機種決定の大きな要素ではあるが、最終的には我が国防衛上の能力、つまり同一条件下での候補システムの弾道ミサイル迎撃効果の優劣を検討し、国民に示すことが、本来の選定作業と責任である。これも絶対的な撃墜率ではなく相対比較で国民に示すことができたはずであるし、そうでなければならなかった。

防衛省がスケールメリットを無視して機種選定を行ったことは気になっている。厳しい競争にさらされている企業なら、必ずスケールメリットを重視するはずだ。多くのユーザーがいる製品ならば、その分、コストが低く抑えられるからだ。縷々説明したように、多くの国が採用していないシステムを使用すれば、製造過程などあらゆる過程でコスト増になるのだ。そして、その負担は国民の税金で賄われることになる。それも少ない額ではない。数千億円単位となることは容易に予測できる。

一体この責任は誰が取るのか。おそらく誰も取らない。それどころか、防衛省は、選定の正当性とその時の言い分を貫きとおすために、自分たちに都合の悪いことは説明せずに、一部の都合の良い事実のみ説明しているように私には見える。いい加減なやり方で国民の目をくらませようとするのではないかとさえ映るのである。

独善的な言い方になることを承知で指摘すれば、いまの防衛省は、この様な防衛力整備の基本作業さえできないのだ。もしできるのにしていないというのならば、事態はさらに深刻だ。戦後、自衛隊は、営々と実績を築き上げ、国民の信頼を少しずつ、しかし着実に獲得して今に至る。だが、防衛省がこんないい加減な仕事をし続けていれば、現場の自衛隊まで国民からの信頼を失いかねない。防衛省にはこの点を肝に銘じてもらいたい。

国民をごまかそうとしていないか？

防衛省は２０２２年８月31日に決定した２０２３年度予算概算要求で、イージスシステム搭載艦の設計に着手する経費を計上した。当初計画から1年前倒し、２０２７年度に1隻、２０２８年度にもう1隻を完成させる考えだ。問題となるのは、このイージスシステム搭載艦に何を積むかだ。8月23日付の『読売新聞』は、極超音速兵器の迎撃能力として陸上自衛隊の03式中距離地対空誘導弾（中ＳＡＭ）改良型を搭載する方向で調整を進めていると報じた。この記事の内容に疑問がわく。記事の内容と防衛省の考えや計画との関連は現時点で不明であるが、いずれにしても、これで国会で説明ができるのかと心配になってしまう。

すでに説明したように、補修費や燃料費などライフサイクルコストを含めると、イージスシステム搭載艦はイージスアショアと比べてかなり高額になることはほぼ確実である。国会で「なぜこんなに高い買い物をするのか」と追及されるのは火を見るより明らかだ。もちろん、国会の追及以前に省内で当事者意識を持った自浄作用が期待されるが、これまでの経緯を見ると望むべくもない。

そこで登場した、というか、させたものが中ＳＡＭ改良型の搭載案であると私は疑っている。価格高騰問題の追及を回避するために、当初から搭載予定だったＳＭ3やＳＭ6といったミサイルに加え、あえて中ＳＡＭ改良型も追加することで、**もともと膨らん**

でいた経費を「中ＳＡＭ改良型搭載の影響で高額になりました」と説明しようとしていないか。価格上昇の原因をあやふやにしようとしていないか。そうして国会を乗り切ろうとしていないか、と疑っている。いかにも「省益あって国防（国益）無し」を地で行くように見える。最近の防衛省の人たちが考えそうなごまかしだ。下司な言い方はしたくないが、昨今、防衛省の動きをみていると、こうしたごまかしが多い気がするのだ。

ここで使われるマジックワードが「極超音速兵器」だ。これに対抗するため、中ＳＡＭの改善と能力向上が必要だと説明したいのだろう。より多くの予算を獲得するため悪戦苦闘する防衛省にとって「極超音速兵器」は魔法の切り札のように見えるかもしれない。極超音速兵器はアメリカだけではなく中国やロシアが開発し、世界中から注目を集める兵器だ。だから、「極超音速兵器に対処するため」と言えば、多くの人が黙ってしまう。

だが、気を付けてほしい。我々が意を用いなければならないことは「極超音速兵器」というマジックワードに飛びつくことではない。大事なことは、我が国の防衛上何が必要かである。この点を見失うと、特定の装備や兵器が、他のすべてに勝る絶対的な存在に見えてしまうかもしれない。しかし、そんなものはない。今日のゲームチェンジャーの一つと目される極超音速兵器が他の全てを超越して無条件に開発が承認され装備化されるべきものではないと言いたいのだ。なお、ゲームチェンジャーとは、今までの戦争の主力であった既存の装備や兵器を圧倒して、敵を一方的に無力化する新たな兵器、つまり、これさえあれば勝利は確実という兵器を指す意味で一般的に使われている。

「極超音速兵器」は、魔法の武器ではない

極超音速兵器とは、マッハ5以上の極超音速で飛ぶミサイルだ。マッハ5というのは音の速さの5倍に当たる秒速約1800メートルの高速である。ここで注意が必要なのは、弾道ミサイルもマッハ5以上で飛ぶという点だ。では何が違うのか。答えはミサイルが描く軌道だ。弾道ミサイルが放物線を描いて飛ぶので、物理学の法則に基づき落下地点を数学計算により予測しやすいのに対し、極超音速兵器は変則軌道で飛ぶので落下地点が予測しづらい。

野球に例えるならば、弾道ミサイルは豪速球のストレートであるのに対し、極超音速兵器はナックルボールのような変化球なのにスピードはストレート並みだということになる。バッターにとって、どちらが打ちにくいかは一目瞭然だろう。

極超音速兵器を撃ち落とすことは、弾道ミサイルよりも格段に難しいと言われている。しかし、元「ミサイル撃ち」である筆者の正直な見立てでは、まだ本物の極超音速兵器の撃墜試験さえ行われていないので、正確なことは断定できないということだ。確かに日本が配備している弾道ミサイル防衛システムは基本的に弾道ミサイルを迎撃する目的で設計されているので、極超音速兵器には対応できない危険性が高い。

しかし、**声を大にして言いたいが、軍事の世界にゲームチェンジャーなどというものはほぼあり得ない**。核兵器ですら万能ではない。核兵器を使えば相手も使う可能性があるからだ。そうなれば使用は躊躇せざるを得ない。仮に相手が核兵器を持っていなくても、核兵器を使えば国際的に非難され、国際社会で孤立してしまうだろう。だからといって核兵器が必要ないという結論にはならないが、核兵器さえ持っていればこれで大丈夫と思っている核保有国などないのである。

核兵器に限らず、ある場面で有効な兵器でも、戦場の状況や天候次第では役に立たないことは、よくあることだ。いくら極超音速兵器でも、指示された目標に命中するために、最後は減速することになる。このため、ここで迎撃するチャンスが生まれる。そもそも、豪速球のナックルボールで高い確率でストライクを取れるかどうかも極めて不透明であることと同じだ。

私は現役時代に15発のミサイルを撃った経験がある。恥ずかしながら、合計で何十億もの税金を投入して作ったミサイルを、目標を狙って発射した後、最後は海に叩き込んだ。当然、実戦ではなく、訓練で撃ったのだから、天候が良好な日を選んでいたし、仮想敵の電子妨害もないことが多かった。さて、15発撃ったうち、見事命中したのは何発か。正確には言えないが、大相撲で言うと「少し多めの勝ち越し」といったところであった。多くの方が百発百中と思っている目標に誘導されて飛んで行くミサイルも完璧ではなく、平時の安易な環境でも失敗率が4分の1ぐらいあるということだ。つまり、15発撃てば3発程度は色々な原因で無駄というか目標を外しているのだ。敵の電子妨害や高い重力加速度（G）の急激旋回回避運動が加わる実戦の命中率は50％程度に落ちるのではないか。元「ミサイル撃ち」の私は考えている。それでも、ミサイルは大砲に比べれは、ざっと言って100倍から1000倍くらい高い命中率であり、やはり現代の科学技術の進歩はすごいと思う。

読者のみなさんは、海上自衛隊はこれで大丈夫なのか、と思ったかもしれない。しかし、平易な環境下での命中率「4分の3」程度という数字は、実は非常に高い命中率なのだ。日本海軍の軍艦が発射する大砲と機銃は、1万発中1発ぐらいの命中率しかなかったと言われている。射撃用レーダーを備えた米海軍でもその2〜3倍に過ぎないとされる。訓練に訓練を重ね、しかも、戦闘時とは異なる極めて良好な条件の中で行われる対空ミサイルの訓練発射でも、4分の1程度は外すのが常である。

では、極超音速兵器の場合はどうであろうか。アメリカ、中国、ロシアがしのぎを削って開発している最新兵器だ。実戦配備されれば脅威度は格段に上がる。現在のミサイル防衛で迎撃できないのであれば、新たな対抗策を考えなければならない。とはいえ、軍事の常識からすると、ゲームチェンジャーになる可能性は極めて低い。従来の脅威に加わった新たな脅威と同じ程度に位置づけるのが賢明であろう。現にウクライナ戦争におけるロシアの極超音速ミサイルはロシア軍の戦勢の向上に全く寄与しなかった――という米軍の評価が報道された（CNN　2022年9月18日「ロシア使用の極超音速兵器、効果は「ほぼなし」　米国防総省」）。この報道も、その裏付けの一つになるだろう。ましてや「極超音速兵器対策」を錦の御旗にして、他の優先順位の高い事業を横に押しやって予算獲得をもくろんでいるとすれば、もってのほかだ。主要国の開発と配備及び対抗防御策の導入状況をしっかりと確認した上で、我が国への導入を判断するべきで、決して、拙速であっていいはずがないのだ。

話を整理しよう。イージスアショアは「ブースターが市街地に落下しかねない」ことが判明したため、大きな問題になった。このため、防衛省はイージスアショアの改修費が高額となることを理由として、イージスシステム搭載艦の導入を決めた。これは約半年間という極めて短い検討期間で出した拙速な結論だった。しかも、イージスシステム搭載艦は、ライフサイクルコストも含めると約40年とされる運用期間を通した総コストはイージスアショアより高額になるかもしれない。これまた国会で追及され、新たなというか、再度、報道を沸かせ、大問題になる危険もある。それを覆い隠すために、イージスアショア計画時には盛り込まれていなかった極超音速兵器対策として新たなミサイルを搭載することにしたのではないか……。これが、私の正直な所見である。

戦闘のプロの目から見れば、こうしたやり口は問題だ。それでも、こんなやり口がまかり通ったのは、背広組の官僚が、防衛装備導入に際し、国家レベルの大局的見地から判断を下す――という大方針から逸脱し、防衛装備の運用者である各自衛隊、つまり制服組の本来の業務であるシステム構成や運用構想にまで口をはさみ、最後にはそれらさえを独占したところに最大の原因があると思われる。

先にも述べたが、かつては各幕僚監部が部隊運用専門集団として練り上げた予算要求案を、内局が我が国の防衛政策や構想、そして政治情勢までを考慮して、両者の間での厳しい論議を経て防衛省予算概算要求をまとめ上げるという手続きが、標準であった。また、ひとたび概算要求を財務省に提出した後は、内幕一体の「戦友同士」のスクラムで要求項目の実現に共に戦ってきたというのが内局と各幕僚監部の関係であった。

ところが、近年は「官邸主導」の掛け声の下、官邸の権限が圧倒的に強くなったことから、霞が関では「政治の論理」が極端に強くなっている。要するに、霞が関は永田町の顔色を見て仕事をする傾向が以前に比べてずっと濃厚になっているのだ。**例にもれず、防衛省でも官邸の力に敏感に反応する内局の典型的な「官僚の論理」が強まり、現場の「戦闘の論理」を抑え込む傾向がある。**結果、制服組の専門的な意見を軽んじるという風潮を生んだと想像できる。三度繰り返すが、イージスアショアの案件などは、ほとんどの検討に制服組を加えなかったと想像できる。その結果が、国民にまともな説明さえできない、疑問だらけのイージスアショアシステム選定になったとみている。そして、その代替案であるイージスシステム搭載艦も似たり寄ったりということだ。

昔はよかった、と言うつもりはない。社会党のような非現実的な安全保障政策を掲げる政党が野党第一党であることが、日本にとっていいことだとも思わない。だが、冷戦時代の野党による厳しい追及が防衛庁・自衛隊に高い緊張感をもたらしていたことも事実だ。そして、その様な姿勢は、結果論としても、当時の防衛庁が防衛論議の本質を見据えて各種の業務に取り組まざるを得ないという、皮肉ではあるが正道が維持される源となった。背広組も、制服組の意見をちゃんと聞かなければ国会審議を乗り切れない。たとえ査定側にいるのが背広組だけだったとしても、制服組の意見が反映される環境は、相当程度確保されていた。その建設的な一例が、概算要求提出後の内幕一体の予算作業であったのだ。

時代は変わった。内閣府が2018年3月に発表した世論調査の結果によると、自衛隊に「良い印象を持っている」と答えた人は89・8%に上っている。野党第一党の立憲民主党も自衛隊は合憲だと位置づけている。それはそれで本当にありがたいことだ。とはいえ、国民の幅広い支持を受けるようになったことで、防衛省・自衛隊の緊張感が薄れるとしたら言語道断である。だが、当事者の官僚や自衛官はそうは思っていないと思う。「自分たちは緊張感をもって国民に寄り添って勤務している。それは往時より高い」との自負さえ持っていることは容易に想像できる。しかし、かつて制服の立場で内局と共に勤務した経験者のレンズを通して現在の防衛省を見ると、国の防衛主務機関であるという気概と、現場を受け持つ自衛隊の立場を深く理解した立場での防衛大臣を政治面で補佐する覚悟、そして何よりも主権者たる国民に対する責任感が近年は著しく劣化しているようにしか見えない。この結果、背広組が制服組の意見をろくに聞かずに「官僚の論理」で物事を進めようとしてはいまいか。一点の曇りもなく国民の血税を大切に使おうとしていると言えるのか。と、問いただしてみたくなるのだ。

制服専門家を排除した行政官たる内局のみで検討した結果、装備選定に大きな瑕疵があることが指摘されたにもかかわらず、再検討さえ拒否して、ひたすら自らの当初の決定にしがみついた。少なくとも、私にはそう見えた。この防衛省の姿勢には大きな失望を禁じ得ない。その結果、多額の費用が追加で発生しても、要求して当然といわんばかりの態度でイージスシステム搭載艦事業を推進する防衛省。倫理観と責任感のかけらさえ感じられない。いまの防衛省は日本と日本国民を武力で守る自衛隊を監督する省としてふさわしいのだろうか。問われているのはこの問題だ。

私は、防衛大学校と海上自衛隊勤務合わせて40年以上にわたり我が国の防衛に任ずることができたことを一生の誇りとしている。そのような者にとって、述べた現状は痛哭の極みである。

第三章

GDP比1%という呪縛

「防衛費1％枠文化」

海上自衛官を退役したのは２００８年。しかし、制服を脱いでからも、自衛隊のことは気にかかる。とりわけ、海上自衛隊の後輩が何か問題に巻き込まれそうになると、いてもたってもいられなくなる。そんな私にとって、気にかかるニュースに接したのは２０２２年７月４日のことだった。

「諸手を挙げて無条件に喜べるかというと、全くそういう気持ちにはなれない」

海上自衛隊呉地方総監部の伊藤弘総監が７月４日の記者会見で、こう発言したと伝えられた。記者会見が行われたのは、折しも参院選の真っ最中だった。自民党は防衛費について、対国内総生産（ＧＤＰ）比２％以上を念頭に防衛力の抜本強化を掲げていた。

防衛省・自衛隊も防衛費の増額を喜ぶに決まっている。だが、伊藤総監は少し毛色の異なる発言を行った。「なんだ、お前は。防衛力を強化しなくてもいいのか」と批判する人もいるかもしれないが、少し待ってほしい。

確かに伊藤総監は余計なことを言っているかもしれない。記者会見では「社会保障費にもお金が必要な傾向に全く歯止めが掛かっていない。我々がある面、特別扱いを受けられるほど日本の経済状態はよくなっているんだろうか」と疑問を呈した。しかし、私も立派な高齢者だから言わせてもらうが、社会保障費はずっと優遇され続けてきた。１９９８年度の社会保障費は約15兆円だったのに対し、防衛費は約３兆円だった。これが20年後の２０１８年度になると、社会保障費が約30兆円に膨らんだのに対し、防衛費は５兆円だ。

社会保障費が2倍になったのだから、防衛費も2倍の約6兆円でないとおかしい、と言うつもりはない。だが、この20年間、防衛費はあまりにもひどい扱いを受けてきた。特に小泉純一郎内閣の２００３年度から民主党政権が終わるまで、防衛費は減少を続けてきた。この間、日本は中国にＧＤＰで追い抜かれ、防衛費では大きく水を開けられている。そもそも社会保障費と防衛費は別の次元で考えるべきだ。対ＧＤＰ比２％に関する議論に社会保障費を持ち込むのはいかがなものか、とは思う。

とはいえ、後輩だから弁護するわけではないが、私には伊藤総監の気持ちもわからないではない。伊藤総監は記者会見で「大事なのは何が必要か、持たなければならないのか、積み上げること、地に足を着けたメンテナンスにも注目してほしい」とも発言したという。おそらく、彼は「金を投下するのであれば、目に見える戦闘機や軍艦だけじゃなく、後方支援もしっかり手当をしなければならない」と言いたかったのではないだろうか。自衛隊の現役リーダーとして当然の見識である。

これは私が現役時代に言わなければならないことだった。もちろん、内部では言っているのだが、なかなか聞いてもらえなかった。それはなぜか。防衛費が対ＧＤＰ比１％に抑え込まれていただけではなく、これに伴う組織文化が大きく関係している。言ってみれば、**悪いのは「防衛費1％枠」ではなく、「防衛費1％枠文化」と言ったほうが正確かもしれない。私の自衛官人生は、この文化との戦いだったと言っても過言ではない。**

つまり、防衛費1％を打破して防衛費を対GDP比2％にしたとしても、「1％文化」を変えなければ防衛力強化はおぼつかない。カネさえ増やせば済むという問題ではないのだ。

いびつな防衛予算

防衛費１％枠の歴史は、１９７６年11月５日までさかのぼる。時の三木武夫内閣はこの日の閣議で、防衛費は対国民総生産（ＧＮＰ）比１％の枠内とする方針を決定した。

当時はＧＤＰではなく、ＧＮＰが一般的に使用されていたので、「ＧＮＰ１％枠」となっていた。それはともかく、なぜ、このような枠が必要だったのか。実は、１９５４年７月に自衛隊が発足して以降、防衛費は右肩上がりを続けてきた。そこで、三木内閣の前の田中角栄内閣が防衛費の歯止めとなる基準について検討を始め、後継の三木内閣で決定したのが防衛費１％だった。１９８６年には中曽根康弘内閣がＧＮＰ１％枠を撤廃し、実際に１％を超える（と言ってもほんの少しだけ超える）防衛費を計上してはいる。しかし、その後も防衛費はおおむね１％以下で推移し、慣行としてＧＮＰ１％枠は生き残っている。

ここに、自衛隊の不幸な歴史の原因がある。

私は野放図に防衛費を増やし続けるべきだったと言いたいのではない。そうではなくて、１％枠を達成するため、いびつな防衛予算のあり方が定着してしまったことが問題なのだ。

防衛力とは何か。そう問われると、戦車とか、潜水艦とか、戦闘機を想像する人が多いだろう。いやいや、今後の防衛力はミサイルが大事だと言う人もいるかもしれない。これらはみな「正面装備」と呼ばれる。

だが、正面装備だけで自衛隊や軍隊は戦えない。教育・訓練にもお金はかかる。さらに兵站にはもっとお金がかかる。兵站は英語でロジスティックスのことだが、要は弾薬や油、食糧や医療のことだ。戦場の最前線で戦うために必要なのが正面装備であるとすれば、後方から弾薬や油を運び込むのが兵站だ。戦闘部隊の後方支援という意味で「後方」とも呼ばれる。

何が言いたいのかというと、**防衛力は「正面装備」「後方」「教育・訓練」という3本脚がそろってはじめて安定する椅子のようなものなのだ**。どれか一つが欠けても椅子はグラグラしてしまう。しかし、自衛隊という椅子は、防衛費1％が形成した組織文化の影響で三脚の長さがそろわずにグラグラしたまま冷戦終結を迎え、現在に至っている。

この問題は、私も強く意識してきた。だから、海上自衛隊の予算を要望する際は、バランスよく配分しようと心がける。たとえば、「正面装備に40％、ロジに30％、教育・訓練に30％」という具合だ。しかし、これが通らない。その元凶がＧＤＰ１％枠だ。

「おぬしも悪よのう」

防衛予算がどのようにまとめられるかは第二章で説明した。陸海空自衛隊はそれぞれの予算要望をまとめる。しかし、これを防衛省が財務省に要求する予算として盛り込むかどうかを判断する査定は、背広組の内部部局の仕事だ。背広組はどうしても対ＧＤＰ比１％に収めなければならないため、査定は厳しいものになる。

背広組「この護衛艦は来年に回してもいいのではないか」
制服組「それでは困る。計画を達成できなくなってしまう」
背広組「では人件費を減らそう」
制服組「そういうわけにもいかない。定員も決まっているし、人がいなければ艦船は動かせない」
背広組「では何を削るのか。１％枠は守らなければならない。海上自衛隊にだけわがままを許すわけにはいかない」
制服組「……。では仕方がないので弾薬を削ります」

非常におおざっぱに再現してみたが、こんな具合で査定は進む。我々は、対ＧＤＰ比１％枠に合わせて予算をやりくりすることを「枠入れ」と呼んでいた。ここでのポイントは、枠入れの最終的な判断は、制服組に任されているところだ。弾薬がなければ自衛隊は戦えない。そんなことは制服組も背広組もわかっている。だが、背広組は責任を取りたくない。最終的には「制服組がこれで大丈夫と言っています」と上司、更には政府に報告できるようにもっていきたい。だから、あくまで陸海空自衛隊の制服組による「自主的な判断」という形で落としどころを探るのだ。時代劇でいえば、悪代官がニヤリとしながら「越後屋、おぬしも悪よのう」と言うようなやり口だ。

昔は内局の官僚も、大蔵省の官僚も、戦争を経験した人がそれなりにいた。だから、軍隊の常識をある程度は踏まえた査定を行っていた。ところが、GNP比1%枠ができあがり、これを守ることが至上命令になると、軍隊の事情に理解を示すことも難しくなったのだ。

それならば、制服組が声を大にして弾薬の予算を求めればいいではないか、と思われるかもしれない。だが、それができない。そのからくりは、「防衛計画の大綱」という文書の中に隠されている。

「たまに撃つ弾がないのが玉にきず」

防衛計画の大綱とは、装備品の取得や自衛隊の運用体制構築を中長期的見通しに立って行うため、防衛の基本方針、防衛力の役割、自衛隊の具体的な体制の目標水準を示すものだ。こんな説明では余計にわからなくなるかもしれないが、要は、自衛隊がどのように戦うか、どのような装備が必要かを決める文書だ。時代により異なるが最近では２０１０年、２０１３年、２０１８年に改定されており、頻繁に変わる文書になっている。ちなみに、防衛計画の大綱が最初に策定されたのは、１９７６年のことだ。気づいた人もいるだろう。防衛費の対ＧＮＰ比１％枠が閣議決定された同じ年に防衛計画の大綱も決定されたということになる。

自衛隊が発足した当初は「ゼロからのスタート」だったため、とにかく急いで必要な装備をそろえなければならなかった。しかも当時の日本は貧乏だったので、防衛費は対ＧＮＰ比で１％をはるかに超えていた。米軍のお古の装備提供を含めた上での話である。しかし、日本がだんだんと豊かになり、アメリカとソ連の冷戦対立も一時的に穏やかになった。そもそも、日本は二大超大国の一角を占めるソ連と同じような軍事力を持つことはできない。であるならば、防衛費に一定の歯止めが必要だという話になった。

防衛費を対ＧＮＰ比１％に抑えるのはいいとして、制服組からは「それでは戦えない」という批判も反論も上がった。背広組の官僚が「いやいや、そんなことはない。これで大丈夫だ」という根拠を示そうとして作られたのが、1976年の防衛計画の大綱で示された「基盤的防衛力」という考え方だった。

政府は基盤的防衛力について、こう説明している。

「我が国に対する軍事的脅威に直接対抗するよりも、自らが力の空白となって我が国周辺地域の不安定要因とならないよう、独立国としての必要最小限の基盤的な防衛力を保有するという考え方である」

つまり、日本があまりに弱すぎれば、外国が「これは侵略できるぞ」と思うかもしれない。だから、必要最小限の防衛力だけ持っておこう、というのが基盤的防衛力だ。具体的には「限定的かつ小規模な侵略」が起きても、自衛隊だけで敵を排除する能力だけは持っておき、米軍が助けに来てくれるのを待とうということになった。もっと大規模な侵攻が発生しそうになれば、自衛隊も急いで防衛力を拡張(エキスパンド)して敵を迎え撃つ。この考え方も防衛計画の大綱に盛り込まれ、「エキスパンド条項」と呼ばれた。

この基盤的防衛力構想を考え出したのが、当時防衛庁事務次官を務めていた久保卓也氏だった。「ミスター防衛庁」と呼ばれた背広組のトップだ。余談になるが、私が初めて会った背広組は、この久保氏だった。私が防衛大学校４年生のときに久保氏が防大に来て、学生20人ぐらいと意見交換をすることになった。

正直に告白すると、久保氏が言っていることはチンプンカンプンだった。当時は防大の学生だ。体を鍛え、突撃すること、大砲をぶっ放す基礎を早く身に付けることしか考えていなかった。私が基盤的防衛力構想について理解を深めたのは、30歳も過ぎて海上幕僚監部で勤務するようになってからのことだ。久保氏は将来の自衛隊幹部に基盤的防衛力の背景にある哲学を理解させようと、防大のある横須賀まで足を延ばしたのであろう。今から振り返れば、頭の下がる思いがする。

だが、久保氏がつくった防衛計画の大綱は、自衛隊にとって呪縛のような存在になる。**その理由は、防衛計画の大綱の最後に掲げられた「別表」だ。**この別表には、基盤的防衛力として必要な装備とその数が書いてある。たとえば、一番最初の１９７６年の防衛計画の大綱の場合は、自衛官の定数は18万人で、護衛艦（当時の用語では対潜水上艦艇）約60隻、潜水艦16隻、と書いてある。陸上自衛隊なら12個師団・２個混成団を擁し、航空自衛隊は作戦用航空機約４３０機を持つことになった。

この別表があるおかげで、防衛省は計画的に装備を取得できる。なにしろ、閣議決定された文書なのだ。財務省にも「別表に書いてあるから、ちゃんと予算をつけてもらわなければ困る」と言いやすくなる。逆に言うと、この目標数値さえ達成できないのであれば、自衛隊は最低限の防衛力、つまり大綱で定めた「基盤的防衛力」さえ持ち合わせていないことになる。

この別表に書いてあるのは、正面装備と定員だ。弾薬や燃料については書いていない。軍事的常識を踏まえれば、正面装備だけそろえて弾薬や燃料はすぐに枯渇してしまう軍隊では軍隊の体をなしていない。だが、東京で防衛力整備や予算を担当する自衛官の心理としては、別表の目標を達成できない事態だけは何としても避けたい。この結果、正面装備至上主義が生まれてしまう。

本来であれば、自衛隊は来るべき戦争に備え、必要な防衛力を保持しなければならない。ありとあらゆる事態を考え、綿密に準備する。これは相当な労力を要する。ところが、別表があると頭を使わなくなる。別表の数量さえ達成していれば仕事をしたということになるからだ。

私自身も当事者だったので、その心理はよくわかる。だから、海上幕僚監部の防衛部長として予算要求とりまとめの責任者となった際には、この文化を変えようと思った。「予算が足りないのであれば、別表に書いてある数以下に削っても別にいいんだよ」

私がこう言うと、部下の若い者たちはギョッとした表情を浮かべる。みんな必死で別表の目標数値を守ろうとする。そして、背広組の圧力を受けると「それでは弾薬を削ります」と言って帰ってくる。「たまに撃つ弾がないのが玉にきず」。自衛隊のお寒い実態は、このようにして変わることはなかった。

戦うつもりがなかったから、何とかなっていた

海上自衛隊呉地方総監部の伊藤弘総監が防衛費の対ＧＤＰ比２％以上の増額について「諸手を挙げて無条件に喜べるかというと、全くそういう気持ちにはなれない」と述べたことについて、その気持ちは私もわかる、と述べた。かなり回り道をしてしまったが、この話に戻そう。

繰り返しになるが、防衛予算には対ＧＤＰ比１％枠があり、陸海空自衛隊は対ＧＤＰ比１％をはみ出さないように予算要求項目を調整する「枠入れ」を行う。一方、防衛計画の大綱の別表には基盤的防衛力を維持するために必要な正面装備の数が書いてある。

これを達成するためには、どうしても弾薬が削られてしまう。このような組織文化が見直されなければ、対GDP比2％にしても自衛隊は戦えない軍隊のままである。

そもそも、対GDP比1％枠文化がここまで長続きしたのは、戦争が起きる可能性が小さいと判断してきたからだ。もっと言うと、自衛隊は「戦うつもりのない組織」だった。「何っー!!」と言われそうであるが、もう少し説明すると、それは自衛隊ではなく内局や、おそらく政府自体が考えていた本音といえる節がある。

1976年に最初の防衛計画の大綱が策定されたときには、アメリカとソ連の間で「デタント」と呼ばれる緊張緩和の局面を迎えていた。1969年に米ソ間で核兵器をお互いに減らそうという第1次戦略兵器制限交渉（SALTⅠ）が始まり、1973年1月にはベトナム戦争も和平協定が署名されている。

「今日予想される将来の脅威に十分応じうる防衛力またはそれに近いものを整備の目標とはしない」

基盤的防衛力構想の生みの親である久保卓也元防衛庁事務次官は、論文の中でこう述べている。かみ砕いて解釈すれば、戦争が起きる可能性は小さいので、本番モードの防衛力を目指さなくてもいい、ということになる。

普通の軍隊は、その国の脅威となる国がどれぐらいの軍事力を持っているか見積もり、これに対抗するために必要な軍事力を算出する。脅威を念頭において必要な防衛力という意味で、日本では「所要防衛力」と言われる。しかし、久保氏の考え方は違った。防衛力の基準を脅威には求めない「脱脅威」を掲げ、必要最小限度の防衛力として基盤的防衛力構想を編み出したのだ。

これはこれで、必ずしも悪いことばかりではなかった。基盤的防衛力構想が自衛隊を救ったのは、冷戦が終わった時だった。ソ連という最大の脅威が消滅したのだから、世界各国では軍事費を減らして社会保障費や経済対策に予算を回すべきだという議論が広まった。いわゆる「平和の配当」論だ。当然、日本でも「平和の配当」を求める声は大きくなった。特に、１９９３年には社会党を含む細川護熙連立内閣が発足し、与党側は防衛費削減を求めた。

ここで防波堤になったのが皮肉にも基盤的防衛力構想だった。基盤的防衛力は脅威を念頭に置いたコンセプトではないので、ソ連が消滅しようが生き残ろうが関係がない。どのような状況にあっても必要な防衛力である。これを盾に、防衛庁は予算削減圧力をある程度、乗り切ることができた。繰り返すが「ある程度」である。

そして、自衛隊は、戦争を想定しないで防衛力整備を考えるGDP比1%枠文化を乗り越えられず、現在に至っている。GDP比2%論が一気に広まったのは、政府が2022年末に国家安全保障戦略、防衛計画の大綱、中期防衛力整備計画の「安保3文書」の見直しを予定していたからだ。しかし、いくら文書を見直しても、防衛省・自衛隊に染み付いた組織文化は簡単に変えられるものではない。安保3文書の改定とともに、対GDP比1%枠文化も見直さなければ、私も諸手を挙げて無条件に喜べない。それは、長く続いてきた組織文化が自衛隊を蝕んできた実態を見てきたからだ。

火薬庫が作れないので、余った機雷は廃棄する

冷戦時代の海上自衛隊にとって、有事における重要な任務の一つは有事の際の「3海峡」の封鎖だった。3海峡とは、宗谷海峡、津軽海峡、対馬海峡のことを指す。ウラジオストックに所在するソ連の軍艦が太平洋に出るためには、この3海峡のどこかを通過しなければならない。このため、海上自衛隊は国際法の枠内で海峡に機雷を敷設して、ソ連の軍艦が海峡を通過できないようにすれば、ソ連の相当部分の戦力をそぐことができるというわけだ。

ソ連が消滅し、中国の脅威が大きくなった現在も、３海峡の重要性は変わらない。これに加え南西諸島の海峡も加わることになる。だが、冷戦時代末期はソ連の海軍力が強化され、３海峡封鎖は海上自衛隊にとって最重要課題だった。このため、いくら「弾がないのが玉にきず」の自衛隊であっても、機雷をどんどん増やした。詳細な数量は機密中の機密なのでここでは言えないが、１９８８年から１９９０年の間に機雷の保有数はピークに達した。

しかし、ここで困ったことが起きる。機雷を保管しておく場所がなかったのだ。機雷は弾薬の一種だから、火薬庫で保管しなければならない。この火薬庫は火薬類取締法の規定を守らなければならない。一つは「換爆量」といって、機雷の数ではなく、それを火薬に換算して一定の量の弾薬しか保管してはならないことになっている。もう一つの規制は、「保安距離」といって、たとえば、1トンの火薬を保管するならば、学校や病院からは一定距離離れていなければならない。

この火薬庫が十分に整備されていなかったため、やりくりに非常に苦労した。結局は、陸上自衛隊の演習場で古い機雷を爆発させ、新しい機雷を火薬庫に入れる。古い機雷も使おうと思えば使えるのに、わざわざ爆発させて廃棄するという無駄なことをしていたのだ。

なぜ火薬庫の整備が進まないのか。これは、地元住民の理解を得るのが難しいからだ。そして、自民党を含む国会議員は、地元住民の意向を受けて火薬庫建設に反対する。というか、少なくとも自衛隊の計画を推進してくれない。防衛省は防衛省で、政治の圧力を跳ね返して火薬庫建設に向けた努力をしない。**ＧＤＰ比１％枠を続けているかぎり、帳尻を合わせるために弾薬が削られてきたので、無理して火薬庫を作らなくてもよかったのだ。**

海上自衛隊はまだよかった。火薬庫が足りなくても、本当に必要なら、究極の策として艦に載せてしまえば一時的にはしのげることもある。しかし、陸上自衛隊や航空自衛隊はそういうわけにはいかない。

２０２２年8月13日付の『産経新聞』が興味深い記事を掲載している。陸上自衛隊が沖縄の離島への侵攻など中国との有事を想定し、迫撃砲やロケット弾といった弾薬が現状より20倍以上も必要だと見積もっているというのだ。これは火薬庫が不足しているという実態があり、さらにその背景には、そもそも弾薬が足りないという事情があるのだろう。

聞くところによると、陸上自衛隊では新たなタイプの弾薬の導入を決めても、なかなか古いタイプと交換できないそうだ。古い弾薬を廃棄するためには業者に依頼しなければならない。しかし、その経費はなかなか予算がつかない。このため、古いタイプの弾薬が火薬庫のスペースを占拠する状態が続き、新しい弾薬を調達することができないというのだ。

何が言いたいのかと言えば、弾薬を増やすためには、火薬庫も増やさなければならないということだ。火薬庫を増やすためには地元住民の理解を得なければならない。あるいは、法律を見直してより多くの火薬庫を建設できる環境を整えなければならない。これは国会議員の仕事だ。つまり、お金だけでは解決できない。

最近では多くの国会議員が防衛費の増額の必要性に理解を示し、自民党も対ＧＤＰ比２％を念頭に防衛力強化を提言している。それはそれでありがたいことだ。しかし、予算を増やすということは、ただ単純に予算の額面を増やせばいいというわけではない。火薬庫を増やすためには地元住民を説得しなければならないし、法律も作らなければならない。０・１％増やすだけでも大変な努力が必要なのだ。その努力をしないで防衛費を増やせと言っても無責任である。

小銃を撃った後、薬莢を残らずかき集める不合理

弾薬の確保に常に頭を悩ませているのは自衛隊だけではない。米軍だって同じだ。しかし、自衛隊はそれに輪をかけて深刻な状況にある。

私が自衛隊に入隊したころ、面白い話を聞いた。陸上自衛隊の源流である警察予備隊の時代を経験していた先輩が海上自衛隊にもたくさんいた。警察予備隊は、戦勝国の米軍の指導のもとに訓練を行っていた。さぞや屈辱的だったろうと思いきや、そうでもなかったというのだ。

「いやあ、あのときはうれしかったな。銃弾をいっぱい撃てたよ」

警察予備隊から来た先輩が、こう語っている姿を今でも覚えている。米軍のマニュアルでは、訓練でも大砲1門に対して弾薬を何百発と用意する。匍匐前進をしている兵士の頭上に機関銃を撃ちまくる。こういう訓練をしないと実際の戦場で生き残れないからだ。

自衛隊も発足当初は米軍マニュアルに基づいた訓練を行っていたが、次第に弾薬の予算が削られていき、今では米軍が訓練で使う弾薬を１００とすれば、自衛隊は20ぐらい

が精いっぱいではないだろうか。

旧日本軍の場合は、小銃を撃った後に飛び出る薬莢を全て拾うことになっていた。後に再利用するためとも、初年兵いじめの口実とも言われているが、とにかく1個でも薬莢がなくなれば大騒ぎだったという。こんな無駄なことにエネルギーを注ぐ軍隊は今はどこにもない、と言いたいところだが、実はある。我が自衛隊だ。

一般の方が薬莢を見つけると、「自衛隊の管理はどうなっているのか」と問題になりかねない。だから、全ての薬莢を回収することに全力を注ぐのだ。私にもつらい思い出がある。護衛艦で武器の責任者である砲雷長を務めていた時のことだ。護衛艦の乗組員も年に1回程度、陸上で小銃訓練を行う。この時、隊員1人に銃弾20発ずつ渡すとして300人いれば6000発。訓練実射撃を行う前は「どうか、今日は薬莢がなくなりませんように」と祈る気持ちだった。もちろん、全薬莢の回収が必要なことは言うまでもないが、そこにも常識の限度があるはずだ。薬莢の紛失事案が起きた部隊の隊員には想像以上の大きな負荷と心理的ストレスがかかっていることも確かである。何とかならないものかと思ったが、何ともならなかった。

ＧＤＰ１％枠文化が自衛隊に及ぼしてきた影響は、弾薬だけにとどまらない。艦艇を動かすためには燃料が必要だ。年間に使える燃料費はあらかじめ決まっているが、１９７３年のオイルショックで原油価格が高騰する。これが自衛隊には大打撃だった。

あのころは護衛艦でいえば年間１７０日航行する計画が立てられていた。しかし、燃料費が2割上がればその分、予算は逼迫する。本来であれば足りない燃料費を防衛費から追加支出してもらうのが筋だが、対ＧＮＰ比１％枠は絶対なので、増やすことはできない。その結果、何が起こるのかといえば、航海日数の縮小だ。年間１７０日が１４０日に減り、１２０日まで落ち込んだこともあった。１バレル20ドルが21ドルになっただけで心臓が縮み上がるような思いだった。

航空自衛隊のパイロットも同様だ。戦闘機のパイロットにとって、年間の飛行時間はその技量を維持するために重要な指標だ。しかし、燃料費が高騰すれば、飛行時間を縮小しなければならなくなる。つまり、護衛艦にしても戦闘機にしても、訓練時間を減らすことで戦闘能力が落ちるとしても、対ＧＮＰ比１％枠を守ることが優先されたのだ。今でも原油価格は乱高下するし、為替レートが変動すれば当初計画通りの予算では足りなくなる。その帳尻を合わせるため、自衛隊の戦闘力低下を余儀なくされるということになる。

戦闘組織たる自衛隊として本末転倒な姿は、おそらくオイルショックのころに定着し、現在まで続いているのではないだろうか。何度も言うが、こうした文化を是正せずして防衛費を増やしたところで、自衛隊はいつまでたっても勝てる組織にはならない。

こんな事態が放置された理由は一体どこにあるのか。私たち自衛官にも責任の一端はある。だが、それだけとも言い切れない。最後の最後は国民の判断なのだ。弾がなく、戦うことができない自衛隊でもいいのかどうか。この判断を下すのは、自衛官ではなく主権者たる国民の責任だ。

その国民の判断を軍隊に及ぼす仕組みがシビリアンコントロールだ。もしも国民の判断が自衛隊の在り方に適切に反映されていないのであれば、シビリアンコントロールの在り方に問題があるはずだ。次章では日本におけるシビリアンコントロールの問題点について話を進めたい。

第四章
日本のガラパゴス型「文官統制」の罪

現場を重視した安倍晋三元首相

2022年7月8日、安倍晋三元首相が奈良市の近鉄大和西大寺駅前で参院選候補の応援演説中に銃撃され、死亡した。この事件は多くの国民に衝撃を与えたが、自衛隊も例外ではなかった。

「自衛隊の最高指揮官として進むべき方向性を示し、励ましやねぎらいの言葉を頂いた。それらの言葉を大切に、引き続き任務に邁進する」

防衛省制服組トップの山崎幸二統合幕僚長は7月14日の記者会見でこう述べた。安倍政権の功績は極めて幅広い。集団的自衛権の限定行使を可能にする平和安全法制の整備もそうだし、「自由で開かれたインド太平洋」を掲げてアメリカ、オーストラリア、インドとともに戦略的枠組みとして「クアッド（QUAD）」を形成するべくキーメンバーの一人として貢献したことも重要な成果だ。また、元自衛官として感慨深いのは、「政治と自衛隊の距離」をぐっと縮めたことだった。

2012年末に第2次安倍政権が発足して以降、安倍氏は頻繁に統合幕僚長を首相官邸に呼び込み、報告を受けている。第2次安倍政権の前は、大規模震災が発生したときなどを除けば、統合幕僚長が官邸を訪れることはほとんどなかった。着任のあいさつと離任のあいさつぐらいのものだった。これを劇的に変えたのが安倍政権である。陸海空自衛隊のどの部隊がどこにいて、どのような動きをしているのかということを、常に首相にインプットできるようになった。

安倍政権下の2013年12月4日に国家安全保障会議（NSC）が発足すると、NSCをサポートする国家安全保障局（NSS）に制服組自衛官がスタッフとして登用された。私はすでに現役自衛官ではなかったが、NSS顧問を2年間務めることになった。NSSは各省庁からエリート官僚が集まる梁山泊のようなところだ。制服を着た自衛官が対等な「同僚」として日夜働く姿を見て、非常に頼もしく思ったものだ。

少し脱線するが、事件当時、安倍氏を銃撃した人物が海上自衛隊に勤務していたことがクローズアップされた。あたかも、元自衛官だからこのような事件を起こしたのだと言わんばかりの報道もあった。

しかし、安倍氏銃撃の犯人は2005年までの3年間、任期制の自衛官として勤務していたに過ぎない。もちろん、自衛官は最低限の銃器の使用方法を訓練される。しかし、海上自衛隊の場合は、小銃を携行して敵艦船へ立ち入り検査を行う権限を持っているのは3曹以上に限られている。任期制自衛官は小銃を扱う場面はほとんど想定されていない。射撃訓練にしても年1回、弾数もせいぜい20発程度のものだ。ましてや安倍氏銃撃で使われた手製の散弾銃の作り方など自衛隊で教えることはあり得ない。

マスコミの中にはそういう事実を知っている記者もそれなりにいるはずだ。それにもかかわらず、ことさらに「元海上自衛官」と騒ぎ立てるのは、自衛隊に対する偏見としか思えない。もっと言えば、自衛隊を貶め、辱める意図さえ感じられる。

それはともかく、安倍氏以前にも、制服組との接触を重視した首相はいた。その代表例が橋本龍太郎元首相だ。

艦艇の知識がすごかった橋本龍太郎元首相

聞くところによると、橋本氏は陸海空自衛隊の幕僚長と統合幕僚会議議長を首相官邸に招いて意見交換するだけでなく、首相が寝起きする首相公邸にも引き入れて杯を交わしていたという。首相の対応としては異例だった。周囲には反対する声もあったと聞く。

だが、橋本氏は実際に自衛隊を動かす制服組の声に耳を傾けることが大事だと考えていたのだろう。

私にも橋本氏との思い出がある。観艦式でのことだ。

観艦式とは、自衛隊記念日の11月1日の前後に行われる行事で、いわば海の軍事パレードだ。自衛隊艦艇を相模湾に並べて航行させ、潜水艦を探す哨戒機やヘリコプターも参加する。自衛隊の最高指揮官たる首相が艦隊を観閲することにより、部隊の士気を高め、国内外に自衛隊の精強さをアピールする。各国の大使や武官も招き、国際親善や防衛交流を促進することや、国民に自衛隊に対する理解を深めてもらう場ともなる。海上自衛隊だけがこの種の行事を行うのではなく、陸海空持ち回りで行われる。海上自衛隊では「観艦式」だが、陸上自衛隊は「観閲式」、航空自衛隊は「航空観閲式」と呼ばれる。

橋本氏をお迎えしたのは1997年10月26日の観艦式だった。この時、私は観艦式を取り仕切る護衛艦隊司令部幕僚長を仰せつかっており、橋本氏と接する機会があった。モーニング姿の橋本氏を艦内に案内すると、次々と質問が飛び出してくる。

「この部分はどうなっているの？」

「なんでここはこういう構造になっているの？」

自衛官以外でこんなことを質問する人はほとんどいない。私はピンときた。橋本氏はプラモデル愛好家なのだ。私も密かな愛好家であった。橋本氏の趣味といえば、カメラや登山が有名だが、後から聞くと、やはり橋本氏はプラモデル製作も趣味だったようだ。橋本氏の艦艇や航空機に関する知識はすごかった。昼食後の懇談の最後に私は司令官公室に呼び出された。日本海軍の軍艦や戦闘機のプラモデル談議で時間はあっという間に過ぎ、観艦式の時間が迫って来たため橋本総理は護衛艦「しらね」艦橋に上がられた。

プラモデル好きはともかく、制服を着た自衛官を首相官邸に入れないという不文律を無視して執務室にまで招き入れ、航空自衛隊が運航する政府専用機に乗る際には航空自衛隊のジャンパーを着こんで報道陣のカメラの前に姿を現した。ちなみに、安倍晋三元首相や菅義偉前首相、岸田文雄首相も政府専用機に乗る際は航空自衛隊のジャンパーを着こんでいると聞く。橋本氏は政治と自衛隊の関係に関しても大きな判断を下しているのだが、それは後に詳しく触れることにしよう。

驚天動地の「最高指揮官」発言

安倍氏が首相に就任するまで、橋本氏のように自衛隊を重視する首相はなかなか現れなかった。それどころか、自衛隊に対する根本的な理解が欠けた首相もいた。

「改めて法律を調べてみたら『総理大臣は、自衛隊の最高の指揮監督権を有する』と規定されており、そういう自覚を持って、皆さん方のご意見を拝聴し、役目を担っていきたい」

２０１０年8月19日、当時の菅直人首相は、自衛隊の折木良一統合幕僚長ら制服組首脳との首相官邸で行われた意見交換会でこう言い放った。意見交換会終了後、記者団に取り囲まれた折木良一統幕長は「本当に冗談だと思う。指揮官としての立場は十分自覚されている上での話だと、私は認識している」と弁護したが、私にはとても冗談だとは思えなかった。

意見交換が始まる前には、菅直人氏は北沢俊美防衛相に「ちょっと昨日予習をしたら、（防衛）大臣は自衛官じゃないんですよ」とも発言していると報じられた。これも防衛省・自衛隊関係者からすれば驚天動地の発言だ。

憲法第66条は「大臣は文民でなければならない」と規定している。これはシビリアンコントロールの基本中の基本だ。さらに、自衛隊法第7条は「内閣総理大臣は、内閣を代表して自衛隊の最高の指揮監督権を有する」と規定している。自衛官にとって、首相が自衛隊最高指揮官であるというのは、「太陽は東から昇って西に沈みます」というぐらい当たり前の話だ。それを「改めて法律を調べてみたら……」と話す首相の命令で自衛官は我が国有事の際には死地に赴かなければならないのだ。

私は菅氏の発言を聞いて頭を抱える思いだった。しかも、2011年3月11日に発生した東日本大震災では、自衛官に必死の覚悟を求めたのが、菅直人首相その人だった。まるで喜劇のような話だった。

こうした目を覆うばかりの状況を大きく変えたのが安倍氏だったと言える。統合幕僚長との頻繁な面会やNSSへの制服組登用だけではない。2022年8月29日付の『産経新聞』によると、安倍氏は2013年3月に防衛大学校卒業式のスケジュールが自民党大会と重なったことを知ると「この時期に防大卒業式があるのは当然なのに自民党も野党ボケしたな。防大卒業式は国家行事なんだ」と自民党大会のスケジュールを変更させたという。

こうした一連の変化は、日本の政治と自衛隊の関係において、革命的ともいえるほどの変化だった。

日本が民主主義国家である以上、自衛隊はシビリアンコントロール、日本語でいえば文民統制の下に置かれる。文民統制とは何か。その定義は人によって異なるが、国際政治学者、サミュエル・ハンチントンの『軍人と国家』では、こう定義している。

「政治上の責任と軍事上の責任を明確に区別することであり、また後者の前者に対する制度的な従属である」

こうやって引用すると、何やら難しい話になって申し訳ないが、要するに「軍人は、国民の代表たる政治家の言うことを聞かなければならない」という話だ。ところが、日本では長らく、文民統制は誤解されたまま運用されてきた。統合幕僚長がなかなか首相に会えなかった事実は、シビリアンコントロールに対する誤解を象徴していると言える。

軍人が政治家の言うことを聞かなければならないからといっても、軍事の専門家の立場からのアドバイスがなければ、政治家は適正な判断を下せない。ましてや首相は自衛隊の最高指揮官だ。首相が軍事問題に全く不案内であれば、国民の生命と財産が危機にさらされる。

何を当たり前のことを言っているのかと思われるかもしれないが、日本では当たり前ではなかったのだ。それもこれも、文民統制に対する基本的理解が欠けていたからであり、防衛省・自衛隊が抱える多くの問題は、この誤解に原因があると言っても過言ではない。

「文民統制」ではなく、「文官統制」のDNA

文民統制とは、国民の代表たる政治家が自衛隊を統制することを意味する。ところが、日本では選挙で選ばれたわけでもない背広組の官僚が制服組の自衛官の上に立ち、あれこれと指示を出したり、言うことをきかせたりするという話になってしまっている。「文民（シビル）」ではなく「文官（シビリアン・スタッフ）」が自衛隊を統制するというわけだ。皮肉を込めて「文官統制」と呼ばれる。

この「文官統制」を成り立たせた仕組みが二つある。防衛参事官制度と防衛省設置法第12条だ。

防衛参事官は、設置法第7条第2項で「防衛省の所掌事務に関する基本的方針の策定について防衛大臣を補佐する」と定められていた。つまり、文民統制を行う主役は防衛庁長官だが、実質的に取り仕切るのは長官を補佐する防衛参事官というわけだ。しかも、防衛庁の官房長と各局長は防衛参事官が充てられることになった。防衛参事官とは背広組の官僚のことを意味していたのだ。

今でこそ、少し事情が変わったが、防衛庁長官は長らく軽いポストとして扱われた。蔵相（財務相）や外相のように「首相の登竜門」として扱われることもなく、頻繁に行われる内閣改造のあおりを受けて、長官の在任期間も短くなっていく。一部の例外を除き、長らく国防問題に取り組んできた「国防族」議員が防衛庁長官に就任することもまれだった。そうなると、長官は「素人」として防衛庁トップに君臨することになる。このような事情で、防衛庁長官を直接補佐する背広組の官僚の発言力はどんどん増していく。

さらに、設置法12条は、内局の官房長や局長が防衛庁長官を「補佐」するとした上で、長官は陸海空自衛隊と統幕に指示・監督を行うと規定していた。つまり、長官に代わって文民統制を担うのは、背広組の官僚だということになる。

この制度では、制服組たる自衛官が長官に対して直接アドバイスすることはできない。あくまで背広組が長官と自衛官の間に入ることになる。これにより、長官は、軍事の専門家ではなく、法律や政策の専門家である官僚の言うことだけを聞いて文民統制を行うことになる。こうした「文官統制」を裏付けるように、『防衛白書』では長らく「事務次官が長官を助け、事務を監督することとされているほか、基本的方針の策定について長官を補佐する防衛参事官が置かれている」と記述されてきた。

しかし、これでは自衛隊はちゃんと機能しない恐れがある。こうした制服組の問題意識は、自民党で防衛問題を専門にする「国防族」の石破茂氏や中谷元氏にも共有され、次第に制度は改められていく。

先ほど紹介した『防衛白書』の「文官統制」を認めるかのような記述は２００３年度版で削除された。防衛参事官制度は２００９年８月に撤廃された。２０１５年３月６日には防衛省設置法第12条の改正案が成立し、背広組が政策的な見地から、制服組は軍事的な見地から対等の立場で防衛大臣を補佐することを明確にした。法律の上では制服組と背広組が対等であることが明確になったのだ。

だが、いくら法律を変えても、「文官統制」のＤＮＡは防衛省・自衛隊に深く刻み込まれている。では「文官統制」のＤＮＡが刻み込まれたのはなぜなのか。おそらくは、日本人が最初の一歩のところで文民統制を知らなかったからだ。

第一歩でつまずいた文民統制

日本における文民統制は、１９５０年８月10日に発足した警察予備隊と共に始まる。

旧日本軍の統帥権は天皇陛下にあり、文民統制という考え方になじみがなかった。だから、連合国軍総司令部（GHQ）が警察予備隊発足にあたり、シビリアンコントロールを求めた時、日本側は混乱に陥ったようだ。

「さあ、これが分からない。それまでシビリアンコントロールなんて聞いたことないし、向こうも教えてくれないから、知らなかった」

戦前は内務省の官僚として活躍し、戦後は法務総裁や警察予備隊担当相を務めた大橋武夫氏は、このように回想している。GHQは、制服組トップの「総隊総監」とは別に、背広組トップの「予備隊本部長官」を置くよう求めた。さらに予備隊本部が制服組の「総監部」を監督し、命令し、警察予備隊を代表して国会や政府諸機関に対する責任を負うことになった。

またまた乱暴にまとめると、警察予備隊は「警察官」と呼ばれる制服組約7万5000人を抱えることになるが、この制服組は、背広組の警察予備隊本部の言うことを聞けということだ。これが「文民」ではなく「文官」が部隊を支配する「文官統制」の始まりだと言ってよい。

なぜ、こんなことになってしまったのか。それは、日本における文民統制の誕生が不幸な出自を持つからだ。文民統制を要求したGHQがシビリアンコントロールの何たるかを理解していなかったのだ。

京大名誉教授の政治学者、大嶽秀夫氏は『再軍備とナショナリズム　戦後日本の防衛観』で「シビリアン・コントロールの原則を厳しく要求したGHQのほうでも、国防省本省勤務経験者は（あまり地位の高くなかった一人を除いて）皆無であり、運用の細目がわからず、非常に苦労したという」と指摘している。

こうした経緯もあり、日本における文民統制は本来の意味とは違う形で運用されていくようになるが、原因は「誤解」だけではない。

警察予備隊が発足した当初、旧日本軍の中佐や大佐などの中堅幹部は入隊を認められていなかった。旧日本軍の「軍国主義」から決別するため、というのが当時の吉田茂内閣の方針だった。

しかし、それでうまくいくはずもない。素人ばかりが集まっても烏合の衆でしかないのは火を見るより明らかだ。このため、旧日本軍の中堅幹部の入隊を認めるよう求めるGHQの圧力が強まり、これを受け入れるよう進言する吉田側近も出てきた。この結果、1951年3月には旧日本軍の中佐以下が入隊し、1952年春には大佐クラス11人が入隊することになる。

これに猛反発したのが、警察予備隊で幹部を務めていた旧内務省の官僚だった。彼らは彼らで戦前の軍国主義に戻さないことを正義だと考えていた。このため、その後に警察予備隊が保安隊に衣替えすると、対策を打っている。

それが1952年10月7日に発出された「保安庁の長官官房及び各局と幕僚監部との事務調整に関する訓令（保安庁訓令第9号）」というものだ。この訓令では、文官たる防衛相が制服組トップの幕僚長に指示する方針案や実施計画案の作成は内局が立案し、幕僚長が防衛相に示す方針案も内局に示さなければならない。さらに原則として、自衛官は国会や他省庁と連絡や交渉してはならないことが定められている。訓令第9号は保安庁から自衛隊に移行しても効力を発揮し続けてきた。

旧内務省官僚の気持ちもわからないではない。だが、自衛隊が発足して何年もたつと、旧日本軍の関係者は退官していった。さらに防衛庁・防衛省においても、旧内務省の官僚はいなくなる。その代わりに警察庁の官僚が防衛庁の幹部ポストを握ることになるのだが、防衛庁は防衛庁で新卒職員を採用し、こうした職員が防衛庁・防衛省の幹部ポストについていく。つまり、**「軍国主義の復活を許さないための文官統制」という大義名**

分はすでに失われているのだ。それにもかかわらず、「文官統制」の伝統がなかなか消え去らないのは、極端かつ下司な言い方になるのを承知で言えば、背広組の官僚が既得権益にしがみついて、威張りたいからだと勘繰られても仕方ないのではないか。

実は、1997年6月30日付で訓令第9号は廃止されている。自衛隊に理解があった橋本首相が自衛隊幹部の声に耳を傾け、首相自らが指示したと聞いている。だが、いくら訓令第9号が廃止されても、あるいは防衛参事官制度が撤廃され、防衛省設置法第12条が改められても、防衛省・自衛隊に染み付いた「文官統制」のDNAはなかなか消え去らないのが実情だ。

その一例がイージスシステム搭載艦をめぐる一連の経緯だった。イージスアショアのブースターが市街地に落下しかねないという「失敗」を覆い隠すため、自衛隊制服組の意見もろくに聞かず、機能するかどうか怪しく高額になりかねないシステムをそのまま護衛艦に搭載することを決め、経費が膨らむことを批判されることを恐れて、当初の予定にはなかったミサイルを「水増し」して搭載するような事態が生じてしまっている。

イージスアショアの配備を断念したのは安倍内閣だった。安倍首相はその直後に辞任を表明し、菅義偉内閣に引き継がれ、イージスシステム搭載艦の導入を決めた。だから、イージスシステム搭載艦を導入するという決定は安倍内閣の決定ではない。

とはいえ、安倍内閣でも似たようなことはいくらでもあった。その典型例がヘリコプター搭載型護衛艦「いずも」の空母化だ。

「いずも」空母化は大失策

「いずも」は海上自衛隊を代表する護衛艦だ。

就役したのは2015年3月25日。海上自衛隊最大の艦艇となるヘリコプター搭載護衛艦として導入された。艦首から艦尾までが真っ平らな「全通飛行甲板」を持つ護衛艦は、それまでもあった。「ひゅうが」と「いせ」だ。しかし、「いずも」の全長は「ひゅうが」の約1・25倍で、搭載できるヘリコプターは4機から9機に倍増した。

この「ひゅうが」とその改善拡大型である「いずも」を導入した目的は、潜水艦だった。中国の潜水艦を探し出し、追いかける哨戒ヘリコプター5機が同時に離着艦できる「いずも」を導入すれば、中国海軍の潜水艦に対する牽制となる。有事になれば、潜水艦を沈めるためには欠かせない船だ。

それだけではない。「いずも」は高度な指揮通信機能を有し、護衛隊群（海上作戦の基本単位を「群」と呼ぶ）の中枢艦としての役割を果たす。収容人数は約470人。大量の人員を輸送できるため、大規模災害時は被災者の避難やけが人の救護にも活用することができる。

しかし、戦闘機を搭載することは、当初は予定されていなかった。ところが、2017年末ごろになると、「いずも」を改修し、短距離の滑走で離陸して垂直着陸できるF35Bステルス戦闘機を運用する構想が浮上した。2018年3月2日の参院予算委員会では、小野寺五典防衛相が「いずもは今後40年程度は我が国の防衛に当たる。将来を見据えた活用方法について基礎的な調査を行うのは当然だ」と述べたのだ。

2018年4月27日には、防衛省が「いずも」のF35B発着艦に関する調査報告書を公表した。報告書は「いずも」の航空機運用能力について「高い潜在能力を有する」と評価する一方、運用には船体の改修などが必要なことも指摘した。このようなステップを経て、政府は同年12月18日、新たな防衛計画の大綱と中期防衛力整備計画を閣議決定し、「いずも」のいわゆる空母化改修とF35Bの導入を盛り込んだ。

マスコミでは「いずも」の空母化が防衛力強化の象徴のような扱いを受けている。防衛省もそういうアピールの仕方をしているので、自然とそうなるのであろう。だが、果

たして本当にそうなのだろうか。私には、ゆがんだ「文官統制」が生んだ産物としか思えない。

　私は海上幕僚監部で勤務した計10年間、防衛力整備を担当してきた。自衛隊が初めて空母のようなまっ平らな全通甲板を持つ船を導入したときの基本構想づくりも担当した。ただし、この時は空母ではなく、「おおすみ」型輸送艦として導入したに過ぎず、その後の「いずも」につながるヘリコプター搭載護衛艦の基本構想を作った際も、あくまで対潜水艦戦を主任務と位置付けた。このため、敵の潜水艦を探すヘリコプターをより多く運用できるように設計している。

　海上自衛隊にとって、対潜水艦戦は極めて重要な任務だ。仮に日本が敵基地攻撃能力を保有したとしても、打撃力は基本的に米軍に依存することになる。このため、米海軍の空母が来援してくれることが、日本の防衛にとって欠かせない。空母にとって最大の脅威は潜水艦だ。敵の潜水艦が日本の周辺をウロウロしていれば、米空母は日本に近づくことができない。だからこそ、海上自衛隊は対潜水艦戦に力を入れてきたのであり、「いずも」をはじめとするヘリコプター搭載護衛艦を導入してきたのだ。

　F35Bを本格的に運用するとなれば、弾薬庫や戦闘機整備設備を設けるため、根本的に改修する必要がある。それならば別の艦を新しく造ったほうが効率的だ。改修すれば対潜ヘリコプターはＦ35Ｂの分だけ搭載数を減らさなければならず、対潜能力に大きな穴があく。これでは本末転倒だ。

どうしても「いずも」を空母化したいのであれば、代わりに対潜哨戒機や潜水艦を増やし、全体の対潜能力を維持・強化しなければならない。しかし、それもやっていない。本来の任務を忘れて、見た目が派手な「空母化」だけを追求しているとしか思えない。

私は日本が空母を持つことを全面的に否定しているわけではない。１９８６年ごろだったと記憶しているが、敵爆撃機のミサイル攻撃から艦隊を守る防空空母も選択肢の一つとして検討したことがある。この時は、空母へのアレルギーや予算、人員の制約を総合的に考慮した結果、防空空母の保有は見送られた。当時、防空空母と並行して導入を検討していたイージス艦に絞り込んだのである。

「いずも」の空母化を決めた際にこのような精緻な検討を果たして行っていたのだろうか。私にはそう思えない。おそらく、制服組の意見にしっかりと耳を傾けていれば、ちがう結論になっていたのではないだろうか。

発展的「改省」しか方法はない

軍事的合理性を無視した「いずも」の空母化は、なぜ防げなかったか。その原因の一つは「文官統制」のＤＮＡが防衛省・自衛隊に染み付いているからだと私は考える。しかし、説明したように、「文官統制」を支えてきた訓令第９号、防衛参事官制度、防衛省設置法第12条はすでに撤廃されるか改正されている。

小手先の制度改正では突破できない壁があるのだ。特に、内部部局の幹部を背広組で独占し、政策決定に制服組の自衛官の声が届きにくいシステムは現在も維持されたままだ。第二、三章で指摘したように、内局が背広組だけで運営されているのは諸外国を見渡しても極めて珍しいケースだ。

ならば、ここにメスを入れなければならないのではないか。行政組織たる防衛省を抜本的に改革するぐらいの覚悟がなければ、戦闘組織たる自衛隊はいつまでたっても官僚の思惑に振り回され、侵略を排除し、勝利する実力組織とはならない。

昔の陸軍省、海軍省に戻せと言っているわけではない。せめて、発展的解消ならぬ発展的「改省」を目指してはどうか。手始めに官房長、局長クラスに制服組あるいは制服組ＯＢを登用してはどうだろうか。

制服組の内局幹部登用を禁止する法律はすでに撤廃されている。保安庁法第16条第6項では、長官や官房長、局長だけではなく、課長に至るまで「警備官」と「保安官」の経歴のない者から任用することが定められていた。しかし、この規定は防衛庁設置の際に廃止されているのだ。しかも、2013年に防衛省が発表した「防衛省改革の方向性」では、内局に自衛官を定員化することが掲げられ、2014年の法改正では定員化が実現している。この取り組みをさらに広げ、内局幹部に制服組や制服組OBを起用すればいいだけのことだ。

私はことさら制服組と背広組の対立をあおりたいわけではない。防衛省設置法第12条が改正されたことにより、背広組が政策的な見地から、制服組は軍事的な見地から対等の立場で防衛相を補佐することを明確にしている。背広組と制服組が手に手を取り合って防衛相をお助けするのが本来の姿だ。2015年10月の改革では、統幕副長級の「総括官」や部課長級の「参事官」といった文官のポストが統合幕僚監部に新設されている。そうでならば、制服組の幹部級ポストが内局に新設されてもおかしいはずがない。そうでなければ、この措置は、文官が固執する、単なるポストの純増、更に勘ぐれば「幕府大目付」を自衛隊に送り込んだにすぎず、有事の意思決定の結節をいたずらに増やすだけのマイナス効果しかないであろう。

従来の慣例を見直すような動きもある。防衛省は2022年7月1日付で、町田一仁大臣官房審議官を人事教育局長に起用した。町田氏は幹部候補向けの公務員試験によるキャリア採用ではない。いわゆる「ノンキャリア」の職員だ。防衛省で高卒ノンキャリア職員が局長に就くのは初めてで、町田氏の事務能力が高く評価された結果だ。

これはこれですばらしい判断だったと思う。この気概があれば、防衛省の制服組と背広組の役割を抜本的に見直す改革にも取り組めるはずだ。そうすれば、制服組の意見を無視した装備取得などの防衛政策も改善されるだろう。

ただ、これで十分ではない。政治と自衛隊の関係を正常化するため、あるいはより強い自衛隊を作るためには、文民統制の「一丁目一番地」に手を付けなければならない。その「一丁目一番地」とは国権の最高機関である国会に他ならない。次章では、防衛省・自衛隊と国会の関係の問題点とあるべき姿について筆を進めたい。

第五章

国会と自衛隊

自衛官の命を握っているのは国会だ

あなたが自衛官になるとしよう。誰であろうとも、必ず声に出して読み上げなければならない文書がある。服務宣誓だ。

「事に臨んでは危険を顧みず、身をもつて責務の完遂に務め、もつて国民の負託にこたえることを誓います」

この意味するところは明らかであろう。日本が外国軍に侵略されれば、「防衛出動」が命令され、自衛官は武器を使って敵を撃退する戦闘を行うことになる。命を懸けて戦うと誓っているのだ。

防衛出動を命じるのは内閣総理大臣だが、その一存で命令することはできない。では、誰が防衛出動の発令を認めるのか。国会である。承認を得るいとまのない緊急時は国会承認前に発令することもできるが、必ず事後に承認を求めなければならない。仮に国会が承認しなければ、部隊は即座に撤退しなければならない。

つまり、自衛官の命を最終的に握っているのは国会なのだ。国民の代表たる国会が、自衛隊が出動するかどうかの最終決断を下すことにより、シビリアンコントロール（文民統制）が担保される。私が国会を文民統制の「一丁目一番地」と呼ぶのはこのためだ。

日本では、国会の役割は、自衛隊の役割を制約することにのみ主眼が置かれてきた。これはこれで大事な役割だし、シビリアンコントロールの歴史的な由来から考えて正しくもある。シビリアンコントロールは、1688年の英国名誉革命の後に制定された権利章典で、議会が軍隊を統制することを定めたことが始まりとも言われている。

しかし、自衛隊は国と国民を守るために存在する。文民統制さえちゃんとできていれば、自衛隊は負けても仕方がないという話にはならない。「文民（シビル）」が軍隊を統制し、その上で軍は国と国民を守り抜く。この二つがセットでなければ国は亡びる。国が亡びてしまうのであれば、その国が採用している文民統制という考え方も長続きするはずがないではないか。

「戦争は政治的手段とは異なる手段をもって継続される政治にほかならない」という言葉を目にしたことはあるだろうか。プロイセン（ドイツ）の軍事学者、カール・フォン・クラウゼヴィッツの『戦争論』に記された、有名な言葉だ。政治は政治、戦争は戦争という具合に分けて考えることはできない。戦争を行う際は、先ず政治的な目的があり、その政治的な目的によって戦争の在り方も変わるということだ。

　戦争はあくまでも政治の一手段に過ぎない。しかし、戦争についての知識がなければ、政治は判断を下せない。政治と戦争の関係は、政治と税金の関係のようなものだ。税制はそれ自体が目的ではない。まず政治的目的があり、その上で税制を形作る。ところで、税制について全く知識がない政治家が減税や増税を決定したら、どう思うだろうか。その政治家は世論の猛反発を受け、次の選挙で落選するかもしれない。

　不思議なことに、軍事について知識がない政治家が防衛政策について判断を下しても、今の日本で怒る人、あるいは疑問を呈する人は少ない。むしろ、軍事に詳しすぎると、「オタク」だとか「戦争ごっこ」と言って白い目で見られかねない。とにもかくにも、自衛隊の手足を縛ることだけ主張していれば「良識派」と考える人だっている。しかも少なくない人数のように映る。

　しかし、国会議員に軍事的な知識がなければ、あるいは日ごろから自衛官の意見に耳を傾ける機会がなければ、文民統制はうまく機能しない恐れがある。そんな例は、私が現役のころも、退官してからも数多く見てきた。

インド洋への自衛艦派遣

２００１年９月11日、米同時多発テロが発生した当時、私が海上幕僚監部の防衛部長を務めていたことは、すでに触れた通りだ。ハワイから帰国後、横須賀に停泊していた米空母「キティホーク」が太平洋に出る際に自衛隊艦艇が護送し、これが事前に首相官邸に報告されていなかったことで、私は危うく「戦犯」になりかけたが、ジョージ・W・ブッシュ米大統領をはじめとするアメリカ政府から「キティホーク」護送を感謝されたことで、私のクビの皮はつながった――という苦い思い出は第一章で紹介した通りだ。

しかし、これで終わりではなかった。私にはもっと大きな仕事が待っていた。自衛艦のインド洋派遣だ。

アメリカは、同時多発テロの首謀者を国際テロ組織アルカーイダ指導者のウサマ・ビン・ラディンと断定した。ビン・ラディンが潜伏していたアフガニスタンを実効支配していたイスラム原理主義組織タリバーンにビン・ラディンの引き渡しを求めたが受け入れられず、アメリカは自衛権を発動して10月7日に「不朽の自由作戦」に着手した。いわゆるアフガニスタン戦争の始まりだ。

アメリカが加盟する北大西洋条約機構（NATO）は設立以来はじめて、集団的自衛権を発動してアフガニスタン戦争に参加する。しかし、当時の日本は、憲法第9条に基づき集団的自衛権の行使は認められないという立場だった。アメリカは日本の立場に理解を示しつつ、有志国連合の一員として対テロ戦争への協力を要請した。我が国政府は自らの協力策としてインド洋上において対テロ戦争で活動する有志国連合軍に対し、燃料補給などの支援を行うことを決定した。

この決定を速やかに実現するため、アフガン戦争が始まる2日前に自衛隊のインド洋派遣を可能にする「テロ対策特別措置法案」を国会に提出する。この法案は異例のスピードで審議が進み、10月29日に可決・成立し、11月2日に施行された。

ちなみに、テロ対策特別措置法を我々は「テロ特」と呼んでいたが、テロ特施行から1週間後には、海上自衛隊の護衛艦「くらま」と「きりさめ」、補給艦「はまな」がインド洋に向けて日本を出発している。だが、これはいくら何でも早すぎる。本来であれば、テロ特が施行された後に基本計画を策定し、しかるべき準備をして出発するとすれば、どんなに頑張っても3週間ぐらいは必要となる。

では、なぜ「くらま」「きりさめ」「はまな」の3隻はテロ特施行後わずか1週間で派遣が可能になったのか。すでにお分かりになった読者もいるかもしれない。そう、防衛庁設置法第5条第18項に規定された「調査・研究」だ。「キティホーク」護送も苦肉の策で「調査・研究」として行ったが、インド洋派遣も最初の艦艇は「調査・研究」で送り出され、テロ特に基づく派遣は、11月25日に日本を出発した補給艦「とわだ」、護衛艦「さわぎり」、掃海母艦「うらが」が最初だった。

第一陣が「調査・研究」で送り出されたことはともかくとして、日本政府の対応は極めてスピーディーだった。「9・11」という未曽有の危機に際し、ようやく日本政府の危機管理能力が目覚めたかのような早業だった。国会も同様だ。この種の法律は従来なら何カ月もかけて審議されるところだが、わずか33時間の審議時間で成立した。「キティホーク」の護送の時とは異なり、私のクビが危うくなるような連絡ミスや誤解もなかった。

しかし、海上自衛隊のインド洋派遣をめぐる政治家の言動は、私の気持ちを暗くさせた。日本のシビリアンコントロール、もっと言えば、文民統制の「一丁目一番地」たる国会のお粗末ぶりを露わにしたからだ。

イージス艦は攻撃的で危ないという誤解

インド洋に海上自衛隊艦艇を派遣するにあたり、私たちはイージス艦の派遣を予定していた。ところが、与野党の国会議員から反対論が噴出し、当面は見送らざるを得なくなった。結局、イージス艦を派遣できたのは、最初の艦艇を派遣してから1年以上を過ぎた2002年12月だった。

この間の顚末は、目を覆わんばかりの惨状だった。イージス艦の派遣に反対すること自体を問題視するつもりはない。自衛隊をどのように動かすか、最終判断するのは政治の役割である。自衛官は、政治の判断に従わなければならない。これが文民統制の原則であることは十分に理解しているつもりだ。

しかし、文民統制の担い手たる国会議員が、およそ軍事的な常識とはかけ離れた認識に基づき判断を下している姿を目の当たりにすると、やはり暗澹たる気持ちになる。

イージス艦は200を超える目標を追尾し、10個以上の目標を同時攻撃する能力を持つシステムを搭載した、防空能力に優れた艦艇だ。補給艦が派遣されるのはインド洋である。安全が確認された海域で活動するのは当然だが、100%の安全などありえない。隊員の安全を確保するためには、高度な防空機能を持つ船の派遣を考えるのは、防衛部長としては当然の判断だった。

　加えて、イージス艦は指揮・通信機能にも優れている。さらに他の船と比べると、居住性も優れている。「居住性」というと何やら難しく聞こえるが、要は隊員が快適に過ごせるのだ。強力なクーラーが備え付けられ、ベッドのスペースも十分に取られている。「何を甘ったれたことを言っているのだ」とお叱りを受けるかもしれないが、精神論だけですべてを克服できる時代は終わっている。ましてや、インド洋は酷暑が続く苛烈な環境だ。自衛隊が効率よく任務を遂行する上でも、イージス艦は欠かせない船だった。

　だが、自衛隊のインド洋派遣をめぐり調整が進む中で、私は信じがたい発言を耳にした。ある防衛省内局の課長が政治家に対し、イージス艦について説明していたときのことだ。

「いつでも攻撃することができます」という説明をしたことを後で別の議員から聞かされた。

「イージス艦を派遣すれば、それだけで敵は恐れを抱くのです」とも説明したそうである。

　繰り返すが、イージス艦は防空機能に優れた船だ。つまり「守り」を専門とする船だともいえる。内局課長の説明は事実に反する説明だった。話を聞いていた政治家も、特に異論をさしはさむこともなかったとのことだ。私は「何を言っているのか」と思ったが、政治家の面前で制服組が内局課長の発言を「それは違う」と全面否定することははばかられる時代であった。今も同じであろうと想像できるが……。当時のイージス艦に対する一般のイメージは「よくわからないが、とにかく最新鋭のすごい艦だ」というものだった。それはそれで誤りではないのだが、防衛省の課長や政治家までもがそのレベルにとどまっていては、後に禍根を残すのではないか。私の予感はその直後に現実のものとなる。

汚い艦と目玉焼きで、公明党議員を説得する

イージス艦派遣に向けて最初の壁になったのは、「よくわからないが、とにかく最新鋭のすごい船だ」というイメージだった。それを如実に語っているのが、2001年9月27日の自民党総務会だった。

「イージス艦を出すとか、何をするとか言うのは、どうしたことか。ちょっと危険な感じがしないでもない」

野中広務元幹事長はこう述べ、イージス艦派遣に疑問を投げかけたという。これに対し、山﨑拓幹事長は記者団に「イージス艦を含めるかどうかは大事な政治判断だ。私は消極論だ」と述べた。野中氏は官房長官も務めた大物政治家で、山﨑氏は自民党内で防衛に関する専門知識を持つ「国防族」の重鎮だった。それにもかかわらず、イージス艦の派遣に反対する根拠は、報道を見る限り「立派な船を送ると何を言われるかわからないので、やめておこう」という程度のものであったと考えざるを得ない。

この後、イージス艦のデータを米軍と共有し、米軍がこのデータを使って攻撃を行えば「武力行使の一体化」になり、集団的自衛権の行使を禁じた憲法第9条違反になるという議論も出てきた。だが、野中、山﨑両氏がイージス艦派遣に慎重な見方を示したのは、それ以前の話である。

ちなみに、情報の提供が「武力行使の一体化」に当たるかどうか、という問題はすでに決着がついていた。内閣法制局長官は1999年の国会答弁で「米軍への情報提供は憲法第9条との関係で問題は生じない」との見解を示している。そもそも、「武力行使の一体化」という考え方自体が現場の常識とはかけ離れた荒唐無稽な話なのだが、この問題は後の章で詳しく取り上げたい。

ここで私たちは策を講じる。イージス艦派遣に対し、与党内で慎重な姿勢を示していたのが公明党だった。特に、公明党の支持母体・創価学会の婦人部は、自衛隊の海外派遣に批判的な考え方が支配的だとされていた。そこで、元防衛庁事務次官で参院議員も務めた人物に間に入ってもらい、創価学会婦人部に影響力を持つ浜四津敏子元環境庁長官ら公明党議員を横須賀に案内させてもらった。

浜四津氏らに見せたのは、艦齢20年超のベテラン艦だ。イージス艦の代わりにインド洋に派遣したヘリコプター搭載護衛艦と同じ型の艦だった。狭い上に汗臭い。こんなところに案内するのは失礼かとも思ったが、現実を知ってもらうには絶好の機会だ。3段ベッドで、冷房もちゃんと効かないところも見てもらった。これに対し、イージス艦であれば2段ベッドでクーラーも強力だ。

インド洋派遣海上支援部隊にも骨を折ってもらった。インド洋上がいかに暑いか、言葉で説明してもなかなか伝わらない。海上自衛隊では有名な話だったが、甲板は目玉焼きが作れるぐらいに熱してしまうという。ならば、実際に目玉焼きを作って写真を送ってくれと頼んだ。当時、インド洋上にいた第2次派遣部隊の指揮官は、後に海上幕僚長になる杉本正彦君だった。

送ってきた写真を見るとガチガチの目玉焼きではないが、確かに目玉焼きっぽくなっている。この写真を見て、公明党の冬柴鐵三幹事長は「なんで君ら、もっと早くこういうことを教えてくれんかったんや。ちょっとでも負担が軽くなるなら、考えざるをえんやないか」とイージス艦派遣を認めてくれたと聞く。

ちなみに、目玉焼きの写真をよく見ると、サランラップが敷いてある。杉本君は愉快な男で、写真を撮るだけではなく、目玉焼きを食べようとしたのだろう。「あの野郎、何を考えているんだ」。そう言いあって笑ったのが懐かしい。

とにもかくにも、公明党にはイージス艦の居住性をアピールすることで説得することができた。ただ、そもそもイージス艦を派遣すること自体が問題だったのは、居住性に対する理解が得られていなかったからではない。イージス艦に対する誤解があったのだ。本来であれば必要のない時間と労力を費やし、イージス艦が派遣されたのは当初予定の1年後になった。

その結果、インド洋上の自衛隊艦隊はイージス艦の優れた防空能力に守られることなく、任務を遂行しなければならなかった。自衛隊艦艇が攻撃されることはなかったが、自衛隊員のリスクは高まっていたことは事実なのだ。イージス艦に対する誤解の代償は、自衛官の安全であったことは何度でも強調したい。

ＰＫＯ日報問題を招いた常識の欠如

イージス艦派遣をめぐる国会や政治家の無理解を聞いて、「あのころは大変だったんですね」と思う人もいるかもしれない。だが、私が退官してからも、似たような話はいくらでもある。その最たる例が、南スーダン国際平和協力業務（ＰＫＯ）の日報問題だ。

お忘れの方もいると思うので、南スーダンＰＫＯ日報問題について、ごくかいつまんで振り返っておこう。事の発端は、２０１６年9月30日にあるジャーナリストが行った、同年7月にＰＫＯ部隊が作成した日報の情報開示請求だった。防衛省はこの約2か月後に「日報はすでに廃棄した」と回答した。ところが、稲田朋美防衛相が再調査を求めると、12月26日に電子データが残っていたことが判明する。大臣に対する報告は翌２０１7年1月27日まで行われなかった。陸上自衛隊内でデータが削除されたことも判明し、7月28日、稲田氏と岡部俊哉陸上幕僚長、黒江哲郎防衛事務次官がそろって引責辞任することになる。

この問題の根本にあるのは、情報開示請求を受けた２０１６年７月の日報だ。ここには南スーダンの政府軍と反政府勢力の「戦闘」があったという記述があった。国会では、野党がこれをＰＫＯ参加５原則が崩れたと主張し、ＰＫＯ部隊の撤退を求めたのだ。確かにＰＫＯ参加５原則では、派遣の条件として「紛争当事者間で停戦合意が成立していること」が掲げられ、この条件が満たされない場合は「部隊を撤収できる」と書いてある。

しかし、「戦闘」といっても幅広い内容を含みうる。南スーダンＰＫＯの日報に書き込まれた「戦闘」は、政府軍と反政府軍の散発的な銃撃戦であり、「停戦合意が崩れた」ということにはならない。こんなことは、軍事的な常識があれば、すぐに理解できる問題だ。

それにもかかわらず、野党はあたかも、そんなところに自衛隊を派遣したのは不祥事であるかのように騒ぎ立て、ＰＫＯ部隊の撤収を求めた。こうした野党の主張は矛盾をはらんでいた。なぜなら、２０１２年春にスーダンが国境を越えて南スーダンを空爆し、他国のＰＫＯ部隊に被害が出た時も、当時の報告には「戦闘」と記されていたからだ。この当時は民主党政権だったが、政権内ではＰＫＯ部隊を撤収するという判断はなされていない。

陸上自衛隊の中でデータが削除されていたことは大問題である。我々自衛官の役割は、軍事的な専門家の立場から、しかるべき情報と分析を提示し、政治の判断が下ればこれに従って任務を遂行することである。政治が判断する材料を隠蔽するため、データを削除するのは許されない。

とはいえ、いくら判断材料を提供しても、軍事的常識からかけ離れた議論が行われるのであれば、自衛官が恐怖にも似た不安を覚えても不思議ではない。こうした事態は、自衛官や政治家のみならず、国民全体にとって不幸であると言わざるを得ない。

自衛隊の手足を縛るだけでは国民は守れない

イージス艦のインド洋派遣にしても、南スーダンPKO日報問題にしても、文民統制の「一丁目一番地」たる国会が十分に機能していないことを如実に示している。国会による文民統制は、自衛隊の手足を縛っているだけで事足りるわけではない。自衛隊をがんじがらめに縛った結果、自衛隊は国も国民も守れませんでした、というのでは文民統制の意義そのものが疑われることになりかねない。

何度も繰り返すが、国会は自衛隊に対する防衛出動を認めるか、認めないかの権限を握る国権の最高機関である。自衛官にとって防衛出動の意味は重い。軍隊が出動計画を作る際には、必ず「ボディーバッグ」をどれぐらい用意するか書き込む。「ボディーバッグ」とは、犠牲になった戦死者、つまり亡くなった軍人を入れる袋である。防衛出動に基づき我が国防衛作戦に任ずる自衛隊も同じである。

要するに、防衛出動の是非を判断する国会は、「そのような厳しい戦闘組織の宿命を理解した上で、国民に代わって任務を遂行してください」という判断を下すのだ。その国会に軍事的な基礎知識もないのであれば、命がけで戦う自衛官は浮かばれない。

こうした現状を改めるためには、どうしたらいいのか。答えは簡単である。政治と自衛隊を遠ざけて満足するのではなく、両者の間に密接な対話の場を設ければいいのだ。その一つが、自衛隊制服組による国会答弁であると私は考える。

制服組は、国会答弁「できない」という現状

第四章でも説明したように、1952年10月7日に発出された「保安庁の長官官房及び各局と幕僚監部との事務調整に関する訓令（保安庁訓令第9号）」では、自衛官は国会

や他省庁と連絡や交渉をしてはならないことが定められている。これが根拠となり、自衛隊制服組による国会答弁は実現していない。

しかし、世界的に見れば現場を預かる軍人・自衛官が国会で答弁を禁じられているのは、極めて特異なケースだ。たとえば、アメリカの議会で軍人が証言している映像はニュースでもよく取り上げられている。記憶に新しいところでは、ジョン・アキリーノ海軍大将がインド太平洋軍司令官に就任する前の２０２１年3月23日に上院軍事委員会で行った証言は、大きく取り扱われた。

アキリーノ氏はこの場で「台湾に対する中国の軍事的脅威は増している。中国共産党が米軍を地域から排除することを目的とした能力を向上させている」と述べ、中国による台湾侵攻について「大多数の人たちが考えるよりも非常に間近に迫っている」と発言した。同じ月にはアキリーノ氏の前任者であるデービッドソン氏が上院軍事委員会の公聴会で証言し、今後6年間のうちに中国が台湾に軍事攻撃を仕掛ける恐れがあるとの認識を示した。

アメリカの上下両院の軍事委員会と、その下にぶら下がる小委員会では、公聴会や聴聞会が開かれる。この場では国防予算や国防政策に関する審議が行われるのだが、米軍幹部に議会証言を求める権限を有している。議会が文民統制の担い手であるのであれば、軍人の意見を聞くのは当然の話なのだ。

ところが、日本では全く逆の事態が起きている。２０１５年の防衛省改革では統合幕僚監部に「総括官」と「参事官」というポストが設けられた。このポストに就くのは、防衛省背広組の官僚である。そして、制服組の代わりに運用に関する国会答弁を行うのが総括官なのだ。

実は、制服組の国会答弁を禁じた訓令第9号は、１９９７年6月30日付で廃止されている。つまり、制服組は直接大臣に報告できるようになっているし、国会で答弁してもよいのだ、と解釈できる。中谷元・防衛相は２０１５年の7月1日の衆院特別委員会で「自衛官の国会での答弁また意見陳述の必要性につきましては、あくまで国会においてご判断される事項であると考えております」と答弁している。

中谷氏の答弁にもかかわらず、いまだに制服組の国会答弁が実現していないのは、国会の責任ということになる。

ガラパゴス型の文民統制が、自衛隊を蝕んでいる

ただ、国会にばかり責任を押し付けるわけにもいかない。防衛相を務めた石破茂氏が2018年に行った対談でこんなことを言っている。

「相当な幹部自衛官の皆さんに「本来は皆さんが国会で答弁するべきなんじゃないですか？」と聞いたんです。そうしたら「そうなったら、私はその日のうちに自衛官を辞めます」と言われたことがあります。私はそのとき結構愕然としました」

私だって愕然とする。背広組が「自衛官に国会答弁させるなんてとんでもない」と言っているのではなく、制服組が「いやだ」と言っているというのだ。私が現役のときは、そんなことを聞いてくれる防衛相はいなかった。だから、制服組が国会答弁の誘いを断るなどということは、想像だにできなかった。

石破氏は制服組が国会答弁を拒む理由について「野党がどれだけ意地悪な質問をするかを彼らは肌身にしみて知っていますから、言を左右にするというのが最も不得手な自分たちにはできないということなんですね」と分析している。私には、**文民統制という考え方がＧＨＱによって「輸入」されて以来、日本に刻み込まれた誤解がＤＮＡとなり、その呪縛から逃れられないでいるように思えてならない。日本流シビリアンコントロー**

ル、日本のガラパゴス型文民統制の病弊は、知らず知らずのうちに自衛隊そのものを蝕んできたということだ。

仮に自衛官が制服を着て国会に姿を現せば、野党やマスコミの一部は批判するに決まっている。せっかくの自衛官の言葉も、聞く耳を持たれないという事態になりかねない。確かに、そのことをよく知っている自衛隊高級幹部が水を向けられても「では国会で答弁しましょう」ということには、なかなかなりにくい。

しかし、自衛隊制服組が国会で答弁できていない現状こそ、シビリアンコントロールを有名無実化し、自衛隊を弱体化させることにつながりかねない。そのことに気付いている国会議員はどれぐらいいるのだろうか。もちろん、自衛官にもどれだけいるのか心もとないのだが……。

自衛隊は防衛出動が発動されれば武力行使を行う組織だ。だが、軍事力を下手に使えば国民の主権を制限することもあり得る。このため、自衛隊の行動にブレーキをかける役割が国会にはある。

一方、防衛出動の是非を最終判断するのも国会の役割だ。防衛出動を発令したその瞬間に自衛官の命は、いつ失われてもおかしくない状況になる。少し昔の言い方をてしまうが、「骨は拾ってやるから頼むぞ」と言うのが国会なのである。

民主主義社会において、選挙によって選ばれる国会議員は、最も尊敬されるべき存在だ。だからこそ、国民になり代わって自衛隊を使う権限が認められているのである。国会の判断は自衛官の命に直結することを十分に理解してもらわなければならない。このことを理解しているのであれば、自衛官との接触を避けるなどということはあってはならない――ということは、直ちに理解できるはずだ。

ただ、国会と自衛隊のかかわりは、防衛出動だけに限定されるわけではない。国会と自衛隊の関係を考える上で、忘れてはいけない問題がある。憲法だ。憲法改正は、国会の3分の2の賛成を経て国民投票で有効投票数の過半数が賛成すれば実現する。つまり、国会の3分の2以上の同意がなければ憲法は変わることがないのである。

言うまでもないが、自衛隊の存在は、憲法第9条の解釈によって規定されている。今の自衛隊が抱える問題には、憲法第9条が改正されなければ克服できない問題が多い。国会による文民統制の究極の問題は、憲法問題であると言っても過言ではないのである。

第六章

間違った「国産」信仰の罪と罰

ＧＤＰ比２％は大歓迎だが、問題はカネの使い方

国会はシビリアンコントロールつまり文民統制の「一丁目一番地」だ。そして、制服組の自衛官が国会で答弁するべきだと第五章で述べた。では、そこで語られるべきこととは何か。国会における文民統制の重要な機能の一つとして、防衛装備に関するチェックと、それに対する対応が挙げられる。

国会は政府が提出する予算案を審議する。無駄な予算があれば政府を厳しく追及し、足らざるところがあれば政府に予算を確保するよう求める。ところが、話が防衛装備になると、途端にチェックが甘くなる。最近は特にそういう傾向が目についてならない。何度も繰り返して恐縮だが、自衛隊を違憲と考える政党はまだある。また、自衛隊は合憲と認めていても、自衛隊の役割の拡大に歯止めをかけることが国会のチェック機能だと考える野党議員も多い。

国会がそのレベルにとどまっていれば、「侵略を排除して、勝利するための自衛隊」にするべく、予算の中身を厳しく追及する――という機会は少なくなる。国会の追及が

甘ければ、防衛官僚は大喜びであろう。予算要求を担当する制服組の自衛官もホッと胸をなでおろすに違いない。不幸なのは国民だ。国会での審議が甘くかつ不十分な時には、不必要な装備に多額の税金を投入することになりやすい。負担が増すのは国民なのである。

なによりも国民にとって最大の不幸は、有事の際に、自衛のために必要な抑止力が確保できないということだ。**我が国の主権や国民の生命財産を防衛するという自衛隊の本来業務が全うできるかどうか。すべては国会審議にかかっている。**

岸田文雄政権は、国内総生産（ＧＤＰ）比２％を念頭に防衛費を大幅に増額し、防衛力を抜本的に強化する考えだという。私の現役時代はＧＤＰ比１％枠に苦しめられたことを考えれば、ＧＤＰ比２％などと言われると隔世の感がある。

防衛費の増額に異論があるはずはない。だが、問題はカネの使い方だ。言うまでもないが、軍事力は使われないのに越したことはない。戦争が起きる可能性も低い。とはいえ、いくら可能性が低くても、一度戦争が起こってしまえば被害は甚大だ。ウクライナを見れば一目瞭然だが、我が国だって壊滅的な損害を被り、再起不能に陥る危険と隣り合わせなのだ。

そうした事態に備えるため自衛隊は存在する。予算が2％に増えるからといって、割高なものを闇雲に買ってはならない。ましてや、装備の優先順位上、不必要な装備や性能が不十分な装備を購入するなど言語道断だ。自衛隊の任務遂行能力の向上のために、もっと安く、もっと使える装備があるなら、そうした装備を買うべきである。

ここで、防衛装備については、一般家庭などで使われる電化製品などに比べて、はるかに無駄遣いが発生しやすい環境にあることを指摘しておこう。たとえば通常の家電などであれば、不備があれば、今の時代、すぐに公になり、メーカーも対策を急ぐものだ。ところが、防衛装備の場合は不具合がなかなか公表されない。というか公表に時間がかかるからだ。

たとえ不具合が見つかったとしても、防衛装備の場合、原因を特定し、検証して、再発防止に努めるための作業は極めて複雑で膨大であるため、一般に公表することが後回しになりやすい。また、装備の不具合がある状態は、敵国にとっては好機になるため、公表しないことも珍しくない。そうした諸々の事情があり、普段から情報公開が行き届きにくいため、稀、かつ残念ではあるが、不具合を意図的に秘匿することもある。

しかし、国民の税金を使って装備を導入する以上、その使途については、その性格上公表になじまないものがあることも考慮した上での節度を持った透明性が求められる。防衛省や自衛隊は税金の使い道の正当性を説明しなければならない。

不可解な12式中距離地対艦誘導弾射程距離の延伸

その観点からすると、どうしても解せないのが、国産の12式中距離地対艦誘導弾の長射程化をめぐる防衛省の判断だ。報道では12式の射程を約1000キロに延ばし、敵基地攻撃と遠距離対艦攻撃という両方の目的で保有するという。保有数は「1000発」だとか「1500発以上」だとか、まるでバナナの叩き売りのようになっている。

だが、現状は、行うべき説明をすっ飛ばして結論だけが先行している感が否めない。本来であれば、日本を守るためにこういう作戦をするから、これだけの数が必要だ、というシミュレーションが前提となっていなければおかしいが、そういう話は聞こえてこない。もちろん、国防上の「秘密」に当たることをいう必要はないが、しかし、ほかの候補との性能比較、費用対効果や後方支援体制などの考え方は、ざっくりとしたところで国民に説明されるべきである。さらに、12式改善型の開発リスクと、その対応策についても全く語られていない。最初から「12式改善ありき」という手法は国民に対する背信行為ではないだろうか。他の候補との比較等の説明がないため、国民は防衛省案が税金の最適用法だという判断さえできないのである。

私も長射程のミサイルは必要だと思う。中国は地上発射型の中距離ミサイルだけで1250発を保有しているとされる。沖縄から台湾、フィリピンを結ぶ第1列島線の内部で米軍が自由に行動できないようにし、さらには本土から来援する米軍が近づけないようにするA2／AD（接近阻止・領域拒否）能力は日に日に高まっている。これに対抗するためには、日本もアメリカと共に中距離ミサイルの数である程度は対抗しなければならない。

だが、なぜそれが12式なのかという話になると、根拠が見えてこない。さらには、12式の射程を1000キロまで延ばすこと自体に無理があるのではないだろうか。

12式は、いわゆる巡航ミサイルの一種だ。巡航ミサイルとは飛行機のようなものだ。翼と推進力を持ち、低い高度で長距離を飛行し、最終段階で複雑な軌道を描き、目標に対して精密誘導できる。翼の揚力を利用して長射程を飛行する点が、ロケットの推進力のみに依存する弾道ミサイルとの最大の違いである。弾道ミサイルと異なり低速で飛ぶことが基本である。このため相手のレーダーにも発見され難く、撃ち落とされにくい。

ところが、報道情報を読みこんでみたかぎり、12式の射程を1000キロに延伸する場合、空気抵抗の少ないかなりの高高度を飛ぶことになりそうなのだ。更に専門家の間で心配されていることが、射程延長に応ずる大量の燃料を搭載するため機体寸法も全長、直径とも米軍現用のトマホークの2倍程度という、世界一大型の長距離ミサイルになりそうなことである。これでは世界一簡単に撃ち落とされるミサイルとなってしまう。迎撃する側から見れば、鴨が葱を背負って来るようなものだ。導入する意味がない兵器となりかねない。ここでも、他のミサイルとの比較が求められるが、その実情がどうであったのか。疑問が残る。

また、防衛省は政府方針が決まっていないとして、一切の論議を避けているが一口に敵基地攻撃能力と言っても、ミサイルだけを持っていればいいというわけではない。目標がどこにいるのか探し出す能力がなければ意味がないのは言うまでもない。その上で指揮統制能力も必要だ。米軍とターゲティング（攻撃する目標の選定）を調整するネットワークはどうするのかという問題もある。

さらに言えば、12式はもともと地対艦ミサイルだが、地対地ミサイルとしても活用するという。今の自衛隊には対地攻撃の目標を識別する能力はない。今まではその能力の保有が許されなかったのだから当然である。海面から突き出す形になる水上艦を識別する能力と、複雑な地形や建物群の中に配置された地上目標を識別する能力は全くの別物だ。こうした能力の開発はこれからなのか、どれぐらいの費用がかかるのか、そういう説明がないまま「12式を延伸して1000発以上を保有」という結論だけが出てくるのは異常事態だし、何よりも国民に対して無責任である。

織田信長の桶狭間の戦いは、今川義元率いる軍勢が休憩している場所を嗅ぎ付け、一気呵成に奇襲を仕掛けたからこそ成功した。2万5000の大軍を率いた今川義元の本陣に2000人で突入した兵士は立派だ。英雄である。しかし、勝敗を決めたのは織田信長の決心であり、そのときの情報力である。標的を探し出す能力や指揮統制能力も用意せずに12式の射程だけを延伸するのであれば、織田信長が少ない軍勢を率いて目的もなくウロウロしているようなものなのだ。

国産に固執する防衛省

ミサイルをめぐっては、極超音速ミサイルを迎撃するミサイルとして、これまた国産の03式中距離地対空誘導弾を改善して使うという話もある。であれば、極超音速ミサイルを迎撃する能力を開発するためには、極超音速ミサイルを撃ち落とすテストを行わなければならない。しかし、どこに迎撃テストの目標となる極超音速ミサイルがあるというのか。そんなものは今の日本にはない。仮に極超音速ミサイルを輸入等により確保できたとして、どこの試験場で撃つのか。周辺住民や漁民に被害を及ぼさないような広いスペースを取れる発射区域がどこにあるというのか。また、日本が長射程の対空ミサイルを持つとなれば、敵は妨害電波を発してダメージを避けようとするであろう。しかし、敵がどのような妨害電波を発するのか、日本には十分なデータがそろっていない。敵の電波情報を持たないということが自衛隊のアキレス腱であるというのが世界の専門家の認識である。

日本が発射試験を行うとしても、これまでの他の装備の開発実績から推察すれば、その発射回数はおそらく一桁止まりであろう。アメリカの場合は100発近くを撃った上で導入され、部隊に配備される。それも、電子妨害等の最も困難な実戦を模擬した戦術環境下での迎撃を含む試験発射である。ここに厳然たる性能の違いを生む要因がある。

たとえば、米軍が開発したSM2というミサイルがある。イージスシステムに用いられる艦対空ミサイルだが、2020年までに2700発を撃っている。対空ミサイルを特技としてきた筆者の経験では、そのうち1割5分から2割ぐらいは失敗する。この失敗が最も重要なのだ。失敗があるからこそ、次の開発に生かされる。これがＢＬ１（末尾の数が大きくなるほど性能改善と向上型）、ＢＬ４、そしてＳＭ６（イージスのＳＭ２、ＳＭ３の最新型後継ミサイル）といった、より高性能なミサイル開発に生かされ、その性能が進化していくのである。

そして、12式中距離地対艦誘導弾にしても、03式中距離地対空誘導弾にしても、いずれも国産兵器である。ここまで言えば、私が何を言いたいのか、お分かりだろう。昨今、防衛省・自衛隊の立場は、なんでもかんでも「国産」となりがちだが、その判断が正しいとは私には思えない。

防衛産業を育てるためには、もちろん、国産装備を採用したほうがいいのは事実だ。いざという時に、頼る国がいなくなる事態を想定すれば、防衛装備は国産化したほうがいいということだ。

１９９８年度から２０１２年度までは防衛費が減り続け、防衛産業にとっても「冬の時代」だった。このため高額な国産装備の調達が減っていき、自衛隊のみを顧客とする防衛装備市場が急速に縮小した。同時に、自衛隊の防衛力維持のために実戦能力の高いアメリカ製装備の購入が増えることは必然の流れであった。この「冬の時代」に、コマツなど国内の企業は次々と防衛産業から撤退している。事態に危機感を持ち、この流れの反転機会を探っていた防衛産業界にとっては、岸田内閣の掲げる防衛費対GDP比2％政策は絶好の機会なのだ。それで、ここぞとばかりに、防衛省は「国産、国産」と言い募る雰囲気になっている様に思える。

だが、国産装備で本当に一線級の装備を持つ大国の脅威に対抗できるのか。国産となれば、少数生産が必至のため、高額になる。また、実戦経験もない国産装備を外国は買いたがらない。基本的には自衛隊だけが買うことになる。そうなるとスケールメリットが生まれず、さらに高額になるという負のループに引きずり込まれる。

それだけじゃない。国産装備であれば、外国軍の技術的な進歩に対応するための改良経費も日本が負担しなければならない。一方、アメリカ製装備やアメリカ中心の共同開発であれば、世界中で何千発と撃つことになり、失敗の中から教訓をくみ取って次の開発に生かせることになる。

こうしたスケールメリットや改良のためのコストも含めて考えれば、国産はかなり割高な買い物になるはずだ。やってやれないことはないが、今検討されているGDP比

2%でも足りないことは明白である。防衛省はこの点も含めて国民に説明しているだろうか。とにかく「国産は正しい」「国内防衛産業へのカンフル剤だ」という前提で物事を進めていないだろうか。防衛装備は100年に1度、使うか使わないかの買い物だ。詳細な事前検討と必要な説明なしに高額な税金を注ぎ込むことは許されない。こうした点こそ国会やマスコミは指摘し、論議し、辻褄が合わなければ建設的な追及をするべきなのだ。

国産輸送機C2が売れないワケ

国産を追求した結果、高い買い物をすれば、国民に必要以上の負担をかける。こうした事例はミサイルだけにとどまらない。その典型例がC2輸送機だ。

C2は、P1哨戒機と並び、「国産装備の星」になるという宣伝文句で開発がすすめられた。防衛装備庁と川崎重工業がC1輸送機の後継機として開発を担当し、川崎重工業を主契約会社として製造している。2000年に国産が決定し、開発段階で機体に不具合があったため配備は2017年に遅れた。30機配備する予定だったが、その後22機まで減り、2021度末現在で13機が配備されている。

高性能とされるＣ２の最大の問題点は、高コストだ。世界で一番高額な輸送機と言えるかもしれない。２０２２年8月21日付の『日本経済新聞』によると、１機当たりの調達価格は２０１１年度が１６６億円だったのに対し、２０２１年度補正予算では２５７億円に跳ね上がっている。

なぜＣ２は高額輸送機となったのか。理由の一つは、もともと高額で、実戦経験の乏しい日本の防衛装備を買いたがる国がないからだ。これでは大量生産して単価を下げることは難しい。

さらに、日本政府による調達が不安定なことも高コスト化に拍車をかけている。年度によっては４機調達しても、別の年度には０機ということもあり、生産ラインを抱える企業はコストを単価に反映せざるを得ない。

こんなことは最初から分かっていたはずだ。ならば、国産はあきらめ、たとえばアメリカ製のＣ17輸送機グローブマスターを調達すればよかっただけの話ではないか。Ｃ17であれば、アフガニスタンに行こうとイラクに行こうと使えることは実証済みだ。製造元の米ボーイング社が世界に張り巡らせている部品供給と技術支援のネットワークもある。自衛隊も保有するロッキードのＣ１３０輸送機が超ロング・ベストセラーとなっているのは、豊富な実戦経験と部品供給網がしっかりしているからだ。

C2の性能が優れていることに異論をさしはさむつもりはない。だが、全世界におけるロジスティックスのネットワークを考えれば、世界各国の軍はC17を買うということになるのは当然の話だ。そもそも、日本と出発点が違うのだから、いくらいい飛行機を作っても、C2はC17に太刀打ちできず、自衛隊以外に買う軍隊はないということになってしまうのである。

アメリカの戦闘機と競争してどうする

ついでに言えば、もう一つ気になるニュースがあった。F2戦闘機の後継機をイギリスと共同開発するという話だ。後にイタリアも参加するという報道もあった。これもアメリカの防衛装備に問題があり、他の国の装備であればいい、という誤った考え方に基づいているという気がしてならない。

戦闘機開発は日本の悲願として扱われてきた。だが、共同開発に失敗したら、どうするのか。イギリスあるいはイタリアが途中で降りたらどうするのであろうか。このプログラムが失敗すれば、極めて多額と予想される税金をドブに捨てることになる。そんなリスクを取っていいのだろうか。報道情報で見る限り、精緻に検討したことを示す防衛省の発表はない。これも最初から国内開発、次いで我が国単独ではリスクが大きいことから共同開発を模索し、消去法的手法で、イギリスなどとの共同開発になったというのが正直なところであろう。いずれにしても「まず国産」という基本方針があったように思えてならない。

しかも、政府は完成品の海外輸出を念頭に、防衛装備移転3原則の運用指針改定を検討するという。現在は同盟国や友好国に装備品の海外移転を認めているが、救難や輸送、警戒監視などの用途に限られている。そこで、戦闘機や護衛艦の完成品の輸出が可能になるように、国家安全保障戦略など安保3文書の改定に合わせて防衛装備移転3原則の運用指針も見直すというわけだ。

とはいっても、日英共同開発の戦闘機が外国に売れる保証もない。新たな戦闘機を買うのが日本とイギリスおよびイタリアだけであれば、単価は高くなる。せいぜい日本が150機、イギリスとイタリアが100機買うぐらいのものだ。これに対し、たとえばアメリカのF35ステルス戦闘機は総発注数3300機で、更に数百基の追加が確実視されている。桁が違うのである。

アメリカの戦闘機が売れるのはなぜか。それは世界各国が「これなら勝てる」と思って買うからだ。日英で共同開発するということは、アメリカの戦闘機と競争して勝つことを目指すということだ。それを目指さなければ、この戦闘機を開発する意義はないといえる。だが、先に述べた我が国開発の高性能輸送機C2を外国に売ろうとしても、買い手が見つからないのと同じように、日英共同開発の戦闘機が国際市場からそっぽを向かれる懸念はぬぐい切れない。そうしたリスクを国民に説明しないまま、戦闘機の日英共同開発という話だけがどんどん報道され、既成事実化しているのが現状である。

戦闘機を造る技術が欲しいという気持ちは分からないではない。だからといって、アメリカとの共同開発はだめで、イギリスなどとの共同開発なら良いという話にはならない。よくある議論は「アメリカと共同開発すれば、大事な部分の技術がブラックボックスになってしまっていて、日本はノウハウが得られない。イギリスが相手なら、ノウハウを手に入れることができる」という話だ。しかし、これも安易な理屈ではないだろうか。

アメリカの戦闘機は、多大な犠牲を払った第1次世界大戦、第2次世界大戦の航空戦から得られた教訓が、今の技術の根っこになっている。大時代的な言い方で恐縮だが、その教訓は、戦死したアメリカ人パイロットの屍の上に築かれた技術の蓄積でもあるのだ。それを日本が一方的に開示してくれと言っても、開示してくれるわけがない。イギリスもそうだ。第1次世界大戦のドイツとの戦いにはじまり、数々のイギリス人パイロットの犠牲の上にイギリスの技術は成り立っているのだ。それを「イギリスならブラックボックスを開示してくれる」と期待するのは安易に過ぎる。米英を問わず、多大な犠牲を払うことで開発・改良されてきた戦闘機の本質を理解しないで、ただ、皮相的な技術だけを追いかけて、日本側が「ブラックボックスを開示してほしい」と主張しても通るはずがない。国際的に通用しない自分たちの都合でモノを言っているにすぎない。日本の異常さを強く指摘する次第である。

いずれにしても、C2輸送機という国産機を調達することで、国民は高い税金を支払った。C2は世界一維持費の高い輸送機とさえ言われている。輸送機を国産化すること自体が悪いわけではない。だが、それだけのコストを支払ってC2を調達し、運用しているという事実を、どれだけの国民が知っているのだろうか。おそらくほとんどの国民が知らないであろう。それでは政府、特に防衛省が国民に対する説明責任を果たしているとは言えないのではないか。

対外有償軍事援助の批判に反論しない防衛省の怠慢

説明責任と言えば、防衛省はアメリカの対外有償軍事援助（ＦＭＳ）についても、しかるべき説明を国民に対して行っていない。ＦＭＳはマスコミで「悪者」のように扱われているが、これを放置して防衛装備の国産化を支持するムードを作ろうとしているのではないか、とも勘繰ってしまう。

ＦＭＳとは、アメリカ政府が武器輸出管理法に基づき、装備を有償で提供する仕組みだ。経済的な利益を目的とした販売ではなく、性能に優れたアメリカ製装備を政府と政府の契約で提供することで、同盟国や友好国を安全保障面で支援するのが目的である。日本の場合は、日米相互防衛援助協定に基づいて契約が結ばれ、軍事的に機密性の高い装備を入手することができる。

ＦＭＳは、アメリカの見積もりに応じて日本が代金を先に支払い、装備が納入された後に精算される仕組みとなっているが、とにかく評判が悪い。いわく、「価格が高くなりがちだ」「納期が遅れることもある」「必ずしも最新型の装備を提供してもらえるわけではない」といった具合だ。

だが、アメリカは160カ国以上とFMS契約を結んでいる。日本以外のどこがFMSに文句を言っているというのだろうか。さらに、160カ国の中でも日本は優遇されている。1970年代まではともかく、自衛隊の実力が世界水準になった1980年代以後は米軍が自衛隊の戦力を期待するようになったことからFMS調達では米軍の最新装備を買うことができている。

C17輸送機やC130輸送機が世界中で引っ張りだこの装備であることは、すでに説明した。それはアメリカにしかできないような手の込んだ開発を経ているだけではなく、世界中のあらゆる環境下で使用実績があるからだ。さらには、導入後に必要な改良も、アメリカ政府が保証してくれる。おまけにスケールメリットがあるので、単価が下がることも期待できる。

防衛省はF35Aステルス戦闘機を導入している。当初は1機あたり50億円と試算していたが、一時は1機179億円にまで跳ね上がった。ところが、多くの国がF35を取得するようになったことで、スケールメリットが生まれ、2022年度予算では1機96億円と半値近くにまで値下がりしており、さらに下がる可能性もある。

いずれにせよ、アメリカ製装備を調達すれば、多くのメリットがある。ただし、日本が独自に機能を追加すれば、特注生産となることからこのメリットは享受できない。

極度に勉強不足なのか？

防衛省がアメリカ製より国産のほうが良いと主張する際、よく根拠にされる事例がある。

防衛省は2021年8月、アメリカ製の空対艦ミサイル「LRASM（ロラズム）」の導入を中止すると決定した。長射程のスタンドオフミサイルとして、F15戦闘機を改修して搭載する予定だったが、部品の枯渇などが原因で費用が膨らみ、改修は困難と判断した。初期投資が当初の見積もりから3倍以上に達していたのだ。代わりに国産の12式中距離地対艦誘導弾をもとに「空発型」と呼ばれる航空機発射型として開発するという。

これが、アメリカ製は良くないという象徴的な事例として扱われている。しかし、それはおかしい。もともと制空戦闘機であるF15にはスタンドオフミサイルの運用能力はなかった。それを日本向けに特別に改修してくれという話なのだから、新たな装備を開発するのと同じである。開発に必要なテストや手続きを考えると、日本が負担するコストが膨らむのは当然なのだ。

だったら、初めから言ってくれればいいではないか、という反論も聞こえてきそうだが、それもおかしい。特注の新たな装備を開発するとなれば、どれぐらいの費用が必要か予想は付きにくい。開発段階で不測の事態が生じるのは、何も防衛産業だけに限らない。そんなことは買い手側の防衛省は百も承知のはずだった。それだけのリスクを冒してまでF15戦闘機にLRASMを搭載しようとしたのだ。防衛官僚が「知らなかった」と言い張るのであれば、それは極度の勉強不足である。

さらに、代案である12式中距離地対艦誘導弾をもとに製造する「空発型」もLRASMと同様の改修が必要であるのだ。この選択の妥当性についての評価もなされ、公表されなければならないが、これも不明である。その上、空発型の寸法がトマホークの倍（全長約10メートル、直径約1メートル）と言われる12式中距離地対艦誘導弾改善型をベースにするとすれば、もはやこれは寸法だけでも実戦用の域を超える代物となりかねないリスクさえもある。

すでに述べたが最悪の場合イージスシステム搭載艦の様にズルズルと投入費用ばかり増えるような事態にもなりかねない。そうしたことを防ぐための妙案があるなら、国民に説明する責任があると思うが、防衛省の考えやいかに、と思う。

ＦＭＳ調達は、２０１４年度に１９０６億円だったが、２０１８年度は４１０２億円、２０１９年度は７０１３億円に膨らんでいた。しかし、２０２０年度は４７１３億円、２０２１年度は２５４３億円、２０２２年度予算は３７９７億円とピーク時より下がっている。

２０１９年度に膨らんだのは、垂直離着陸機オスプレイやＦ35戦闘機の購入費に加え、結果的に配備断念が決まったイージスアショアなどの経費が盛り込まれていたからだ。このようにＦＭＳに対する悪い評判は、ＦＭＳ自体に問題があるのではなく、個々の装備に連動する問題であり、この点に対する評価を行うべきなのだ。要するに、なんでもかんでもＦＭＳを悪者にして話を済ませていれば、本当に良い買い物はできない。

本来ならば、防衛省はこうした説明を行わなければならないのである。それを行っていないのは何故なのか。**間違った国産信仰のもと、あるいは防衛省で感覚的に決めた既定路線に絞って推進することを問答無用で優先するあまり、説明をさぼっている、あるいは説明できないからではないのか。それは、とりもなおさず国民を無視した姿勢の証であるとともに、装備を使うユーザー、つまり自衛隊制服組の立場も無視した話なのだ。**

国産、外国製、共同開発の基準作り

これまで無反省な国産信仰の誤りを指摘してきたが、国産が全て悪いという話では、もちろんない。国産に適した装備もあるであろうし、アメリカから買うのが適当な装備もあるであろう。外国との共同開発がベストアンサーの装備もある。重要なのは、「国産」「外国製」「共同開発」を選ぶ際の明確な基準を設けることだ。それもなしに「予算を増やしてほしい」といっても、お小遣いを増やしてくれと駄々をこねる子どものようなものだ。

たとえば、在来型潜水艦であれば、日本が世界をリードする技術を有している。水上に着水可能なUS2救難機（水陸両用）も日本ならではの装備だ。だが、日本は戦後77年もの間、一度も外国と戦火を交えていない。それはもちろん幸せなことであるが、日本は長らく武器輸出三原則を維持してきたこともあり、国産装備は一度も実戦経験を積んでいないのである。あなたが外国軍の幹部なら、そんな装備を買いたいと思うだろうか。いくら日本がハイテク大国であるといっても、二の足を踏んでしまうのが実情だ。

国産化を目指すということは、外国が敬遠する装備を自衛隊のみが使うということだ。

話を防衛費の対GDP比2％に戻そう。防衛費の大幅増額は必要だ。その理由は、自衛隊をもう一度、本当の実力組織に作り直すために必要だからだ。そのためには、第三章で説明したように、正面装備だけではなく、教育・訓練とともに後方支援体制を強化しなければならない。必要な弾薬を確保し、継戦能力を確保しなければならない。これがまずやるべきことなのだ。無駄な、言い換えれば装備優先順位の低い正面装備に高額の予算を投入し、弾薬を確保するカネがなくなったということになってしまっては、防衛費を対GDP比2％にしても本来の目的である我が国防衛力の抜本的強化にはならない。

装備を国産にするのは望ましい。しかし、その前に考えなければならないことは山ほどある。予算の最適活用につながるのか。技術水準は確保できるのか。設計、開発から運用コスト、維持・管理費、廃棄までに要する費用の総額、つまりライフサイクルコストは適正か。そもそも、自衛隊が考える作戦を遂行する上で、その装備はマッチしているのか。こうした様々な要因を考えた上で、国産よりも外国産を調達したほうがいいのであれば、国産にこだわってはならないのである。もちろん、その逆も真であるが、それは装備の種類によるのである。

言うまでもないことだが、防衛省・自衛隊が装備を調達するのは、外国から侵略を受けた場合に反撃し、その戦いに勝利するためである。高コストな上に戦場で役に立ちそうもない装備を導入するのが国民の判断であれば、それはそれで仕方がない。それに従うのが民主主義社会における自衛隊の使命だ。ところが、不利な話を隠し通したまま国民の税金を使うとなれば話は別である。

こうした税金の使い道をチェックする役割を担うのは国会である。だが、国会議員にしかるべき軍事的な知識がなければチェックのしようもない。だからこそ、私は自衛隊制服組も国会答弁に立つべきであると考える。もちろん、国会答弁を行う制服組の自衛官は予算を「要求する側」であり、予算案の可決を望む側である。野党議員が厳しく追及しても、予算の正当性を一生懸命説明するであろう。

しかし、それは軍事的な専門家としての立場からの説明である。国会議員と自衛官の真剣勝負を通じて、国会議員が軍事的知識を蓄えれば、予算を要求する側、つまり自衛官にも緊張感が出てくる。不利な条件を追及されるとわかっているならば、最初から説明し、それでもその装備が必要な理由を示すであろう。それこそがシビリアンコントロールのあるべき姿ではないだろうか。これこそが、建設的な論議や追求ではないかと思うのだ。

第七章

憲法改正は自衛隊の悲願

「憲法違反」と卵を投げつけられる

自衛官にとって憲法は特別な存在である。自衛隊に入隊する際に読み上げる服務宣誓でも「私は、わが国の平和と独立を守る自衛隊の使命を自覚し、日本国憲法及び法令を遵守し、一致団結、厳正な規律を保持し……」と憲法遵守を誓う。

そして憲法は、自衛官にとって悩ましい存在でもある。「武力の放棄」を謳う憲法第9条を理由に、自衛隊を「憲法違反」と批判する声は嫌でも耳に入ってくる。2015年6月30日に朝日新聞社が行った調査によると、自衛隊を違憲と考える憲法学者は63%に上るという。

憲法を遵守した上で命がけの任務遂行が求められる一方で、その憲法は自らの存在を否定しているのであれば、自衛隊ほど矛盾に満ちた組織はない。その中にいる自衛官は日本で一番ひどい精神的ハラスメントを受けていると言っても過言ではない。

個人的な話になって恐縮だが、35年ほど前にマンションを購入したときのことは、苦い思い出として残っている。書類の記入を進めていると、職業欄がある。私は「海上自衛官」と書くべきところを「公務員」と書いた。誰かにそうしろと言われたわけではない。だが、自分の職業を「自衛官」と書き込むと、予想もできない不利益を被るのではないかと感じ、反射的に「公務員」と書いてしまったのだ。

本来であれば、自衛官は誇るべき職務だ。私自身、退官した今でも海上自衛隊を誇りに思う。悲しいかな、それでも自分の職業を堂々と書けなかったのである。

何しろ、横須賀の防衛大学校の学生が京浜急行で、立っている人がいない車両の空き椅子に座っていると「自衛官は座るんじゃねえ」と文句を言われた時代である。私の先輩の話では、横須賀駅で防大の制服を着て歩いていると、卵を投げつけられ「憲法違反」と罵られたという。

吉田茂首相は、防大の第一期生にこう語ったという。

「自衛隊が国民から歓迎されチヤホヤされる事態とは、外国から攻撃されて国家存亡のときとか、災害派遣のときとか、国民が困窮し国家が混乱に直面しているときだけなのだ。言葉を換えれば、君たちが日陰者であるときのほうが、国民や日本は幸せなのだ。どうか、耐えてもらいたい。自衛隊の将来は君たちの双肩にかかっている。しっかり頼むよ」（『回想十年』）

吉田氏の時代はともかく、私が現役だった１９８５年に日本航空ジャンボ機が群馬県の御巣鷹山に墜落した際も悪質なデマを聞いて愕然とした。「あれは自衛隊が撃ち落とした」というのだ。そんなデマが流れるのは、「悪いのは自衛隊」という先入観があってこそだ。自衛隊を悪者とみなす雰囲気は、私の家族にも及んだ。

うちの息子が不登校に

１９８８年7月23日、横須賀の沖合で、海上自衛隊の潜水艦「なだしお」と漁船「第一富士丸」が衝突し、30人が死亡、16人が重軽傷を負った。この事故では当時の瓦力防衛庁長官が引責辞任し、１９９２年には、横浜地方裁判所が「双方が安全義務を怠った」として、なだしお、第一富士丸の責任者に有罪判決を下している。

事故直後のことだ。息子が学校に行かなくなった。理由を聞くと、学校の先生から「お前のオヤジが悪い。自衛隊が悪いことをしたんだ」と言われたという。

当時は私も海上幕僚監部で苦情電話の対応に追われていた。とにかく反論はできない。夜中の2時であろうと、なんであろうと、お叱りの声を丁寧にお聞きするという仕事だった。私は海上自衛隊の一員なので仕方がないが、息子までそんな目に遭っていたのかと思うと申し訳ない気持ちだった。

幸いにして、学校の校長先生、教頭先生が気を遣ってくれた。息子には「お父さん、大変だよね」と声をかけてくれ、ほどなくして息子は学校に通うようになったが、自衛官になるということは、家族にも迷惑をかけることを意味したのである。

個人的な話を持ち出したのには理由がある。２０１９年2月13日の衆院予算委員会で、立憲民主党の本多平直衆院議員が、安倍晋三首相のある発言を問題視した。その発言とは、２０１８年8月12日に安倍氏の地元、山口県下関市で行った講演でのものだ。「ある自衛官は息子さんから『お父さん、憲法違反なの？』と尋ねられたそうです。そのとき息子さんは、目に涙を浮かべていたと言います」

本多氏はこの発言について、「これは実話か」「私は自衛隊の駐屯地のそばで育ったが、そんな話は出たことがない」「何県でいつごろどういう方から聞いたのか」などと、あたかも安倍氏が作り話をしているかのように追及した。

安倍氏は「私の言うのがウソだというのか？　無礼だ」と反論したが、本多氏の「追及」に怒っているのは安倍氏だけではなく、私のような世代の自衛官、自衛官ＯＢも怒っているはずである。多かれ少なかれ、似たような経験はしているのだ。

自衛隊は憲法違反と考える国民は少なくなっているとはいっても、憲法学者の大半は自衛隊を違憲とみなしている。いざ、というときに国民の間で「自衛隊は違憲」という認識が広がるかもしれない。命がけの任務に就く自衛官に対し、最低限の敬意を払ってほしい。とまではいわないとしても、憲法との関連において少なくとも「普通」に扱ってほしい。憲法改正は自衛官の悲願である。

集団的自衛権の行使はあくまでも限定的

憲法の問題はすでに解決したという意見もあるようだ。2016年3月29日には限定的ながら集団的自衛権の行使に道を開いた平和安全法制が施行されている。だから、憲法改正は必要ない、というわけだ。果たして本当にそうであろうか。

確かに平和安全法制は、日本の防衛政策において大きな前進だった。新たに「存立危機事態」を設け、日本と密接な関係にある他国に対する武力攻撃が発生し、これにより日本の存立が脅かされ、国民の生命、自由および幸福追求の権利が根底から覆される明白な危険がある場合には自衛権を行使できるようになった。いわゆる集団的自衛権の行使が認められたのだ。

それだけではない。平和安全法制では平時における「武器等防護」を米軍や友好国にも及ぼすことができるようになった。2001年9月の米同時多発テロの直後、横須賀に停泊していた米空母「キティホーク」を自衛隊艦艇が護送した際、法的根拠がないため、防衛庁設置法の「調査・研究」で乗り切ったことは第一章で述べた通りだが、平和安全法制の施行後は、そのような詭弁を弄する必要はなくなった。

平和安全法制で可能になったことは、他にもまだまだあるのだが、これぐらいでやめておこう。いずれにせよ、平和安全法制は、それまでの日本の防衛が抱えていた問題を大きく解決したことは否定できない。安倍晋三政権の偉業と言って差し支えない。

だが、これで憲法改正は必要ない、というのは早計である。

集団的自衛権の行使が認められるのは、あくまでも日本の存立が危機に陥る事態だけである。2001年の米同時多発テロの際には、北大西洋条約機構（NATO）がアメリカのアフガニスタン戦争に対し、集団的自衛権を発動した。覚えているだろうか。日本は海上自衛隊がインド洋に補給艦や護衛艦を派遣したが、もし活動海域で戦闘になったら撤収しなくてはならなかったのだ。だが、平和安全法制が施行された今でも、同じことが起これば、おそらく日本は集団的自衛権の行使に必要な存立危機事態の認定はできないであろう。日本の存立が危機に陥っているわけではないからだ。つまり、日本に行使が認められている集団的自衛権はあくまで限定的なものであり、ＮＡＴＯ諸国と同じような集団的自衛権の行使が認められていないのである。

また、平和安全法制の中には、重要影響事態安全確保法という法律がある。それまでの周辺事態法が改められた法律だ。重要影響事態とは、平たく言えば「有事の一歩手前の事態」だ。政府は「そのまま放置すれば日本への直接の武力攻撃に至る恐れがあるなど、日本の平和と安全に重要な影響を与える事態」と定義している。

有事ではないのだから、武力行使はできない。だが、全く何もできないというわけではない。たとえば、米軍に対して燃料や弾薬を補給することはできる。ところが、自衛隊が活動できる範囲には制約がある。それが「現に戦闘行為が行われている現場」で活動してはならないという規定だ。

この意味することとは、自衛官に以下のような命令を下すということだ。

「日本に火の粉が降りかかりかねない事態が発生しているので、これに対処している米軍や友好国を助けなさい。一緒に戦うことはできないが、弾薬や燃料を提供することは可能です。しかし、自衛隊が活動している地域で戦闘が発生したら、それ以上の活動は認められません。すぐさま撤退してください」

アメリカが助けを求めても、断って「逃げろ」!?

同盟国や友好国を助けろ、ただし、本当に危ない状態になれば逃げろ、ということだ。そんな漫画のような話があるのか、と思われるかもしれない。まさに私がその当事者だった。

アフガニスタン戦争の開始を受け、海上自衛隊はインド洋に補給艦や護衛艦を派遣した。この時の法的根拠はテロ対策特別措置法だったが、今であれば重要影響事態安全確保法等が適用されるかもしれない。やることは基本的に同じだ。アメリカや有志国の艦艇に対し、燃料を補給する任務だ。しかし、活動海域で戦闘が発生すれば、撤退しなければならない。

おそらく、米軍は自衛隊に助けを求めてくるだろう。自衛隊は、世界でも米軍に次ぐ能力のある艦艇を持っているし、同盟国なのだから当然だ。だが、海上幕僚監部の防衛部長だった私は、インド洋に向かう指揮官にこう念押しをした。

「アメリカが助けを求めてきても断ること。それでも通用しなければ逃げること。自衛官として納得はできないだろうが派遣部隊の骨は必ず東京で拾ってやる」

侍が大小の刀を差して鎧兜まで着こんで出陣しようとしているのに、「逃げろ」と指示したのだ。武人としては最悪の屈辱である。インド洋に向かった指揮官たちは辛い思いだったに違いない。誠に申し訳なかった。

今から振り返ってみても、当時の苦々しい思いがよみがえってくる。その原因となったのは、武力攻撃事態や存立危機事態と認定されていなければ、他国軍による武力行使と一体化してはならないという、憲法解釈の問題なのだ。そして、平和安全法制でもこの問題は結局解決されなかった。ならば、「平和安全法制により憲法改正は必要なくなった」という議論は成り立たないはずである。

不十分な自民党の憲法改正案

自民党は2022年7月の参院選で、単独で63議席を獲得し、改選議席125の過半数を確保して大勝した。自民党総裁の岸田文雄首相は、選挙期間中、幾度となく憲法改正に言及した。

「できるだけ早く発議し、国民投票に結びつけていく」

岸田首相は7月10日に出演した文化放送の番組でこう強調し、衆参両院の3分の2の同意を得て、憲法改正の是非を問う国民投票の実施に意欲を示した。フジテレビの番組では、自民党が改憲案のたたき台としてまとめた4項目に触れた上で「喫緊で現代的な課題を自民党として提案している。ぜひ推し進めていかなければならない」と語った。

4項目とは自民党が2018年3月の党大会で発表したものだ。目指すべき憲法改正の具体的な内容として、①自衛隊の明記、②緊急事態対応、③参院選の合区解消、④教育の充実、を掲げている。

自衛隊の明記に関し、自民党は現行の憲法第9条の1項と2項を維持した上で、以下のような条文を付け加えることを提案している。

第九条の二　前条の規定は、我が国の平和と独立を守り、国及び国民の安全を保つために必要な自衛の措置をとることを妨げず、そのための実力組織として、法律の定めるところにより、内閣の首長たる内閣総理大臣を最高の指揮監督者とする自衛隊を保持する。

②自衛隊の行動は、法律の定めるところにより、国会の承認その他の統制に服する。

憲法に自衛隊を明記することは、自衛官の悲願だ。自民党の憲法改正案が実現すれば、これほどうれしいことはない。ただし、注意しなければならない。自民党の改憲案であっても、現行の憲法第9条は維持されているのだ。つまり、集団的自衛権の行使はあくまで限定的な内容にとどまり、有事以外では「武力行使の一体化」を避けるため、自衛隊が活動している地域で戦闘が発生すれば、米軍が助けを求めるのを振り切って逃げなければならないのだ。

そんなことで日米同盟は大丈夫なのか、と思われる読者もいるであろう。もちろん大丈夫ではない。

令和によみがえる「超法規」問題

インド洋での給油活動ならまだしも、朝鮮半島有事や台湾有事であれば、まさに日本の安全に直結する事態である。しかし、存立危機事態や武力攻撃事態を認定して自衛隊に防衛出動を命じるのであれば、それはまさに宣戦布告に等しい。その時、優柔不断な政治指導者が首相の座にあれば、日本が事態をエスカレートしたと批判されることを恐れ、事態認定を躊躇するかもしれない。本来であれば存立危機事態に相当するような事態であっても、自衛隊は中途半端な命令で動かなければいけない可能性は否定できない。

仮の話として、海上自衛隊の補給艦が東シナ海や日本海の公海上で米海軍の艦艇に補給活動を行っていたとする。そこに中国や北朝鮮のミサイルが何発も飛んできた。戦闘機も近づいてきて、空対地ミサイルを発射した。自衛隊の活動している地域が「現に戦闘行為が行われている現場」になったのである。この時、現場の自衛隊指揮官はいかなる判断を下すべきなのか。

おそらく、超法規的に反撃するしかないのではないか。逃げれば逃げたで、日米同盟は危機に陥り、日本は大変なことになる。どうせこけるのであれば、前を向いてこけろという話だ。現場の判断で撃つしかない。しかし、これは厳然たる憲法違反だ。上級指揮官は「やれ」とは言えない。上級指揮官と現場指揮官が、出撃前に、二度と会えないと承知の上で酌み交わす水杯を干して、バーンと地面にたたきつけて粉々に割った後、目と目で「頼むぞ」「わかりました」とやるしかない。

若い読者は知らないかもしれないが、1978年7月25日に、自衛隊トップ、統合幕僚会議議長だった栗栖弘臣氏が「超法規発言」で事実上解任されたという騒ぎがあった。

栗栖氏が、「敵の奇襲攻撃を受けた場合、首相の防衛出動命令が出るまで手をこまねいている訳にはいかず、第一線の部隊指揮官が超法規行動に出ることはあり得る」とメディアに発言したことが大問題となり、当時の防衛庁長官に更迭されたのだ。

現役の自衛隊幹部としては、軽率な発言だったかもしれない。しかし、現場を預かるトップとしての率直な感想だったことはとてもよく理解できるのだ。

平和を愛するプーチン!?　喜劇のような憲法前文

2022年2月24日、ロシアはウクライナに侵攻した。主権国家に対する明白な侵略行為だ。民間人も虐殺している。原子力発電所を盾にとってウクライナ軍を攻撃するのも国際法違反だ。ウクライナからの穀物輸出を一定期間妨害し、途上国に食糧供給不足をもたらしている。

これは日本人を含む全世界の人々が目にしている厳しい現実だ。その現実を見た人間にとって、以下のような文章はどのように映るであろうか。

日本国民は、恒久の平和を念願し、人間相互の関係を支配する崇高な理想を深く

> 自覚するのであつて、平和を愛する諸国民の公正と信義に信頼して、われらの安全と生存を保持しようと決意した。

言うまでもない、日本国憲法前文の一節だ。「平和を愛する諸国民」にロシアのプーチン大統領も含まれている。核ミサイル開発に邁進する北朝鮮の金正恩総書記も含まれている。東シナ海や南シナ海で一方的な現状変更の試みを続ける中国の習近平国家主席も含まれている。そして、我ら日本人の生存は、彼らの「公正と信義」にかかっているのである。まさに喜劇のような憲法だと言わざるを得ない。

問題は、憲法前文の文言がおかしいというだけでは済まない。「平和を愛する」プーチン大統領や習近平国家主席は、我々日本人とは全く異なる「公正と信義」に基づき行動しているのだ。

たとえば、自衛隊は防衛出動が発令されなければ、武力を行使できない。つまり、自衛隊が戦う組織として活動するためには、防衛出動というスイッチが押されなければならないのだ。しかし、**中国やロシアに「防衛出動」という概念はない。**軍隊はいつでも軍隊なのだ。その意味するところは、**自衛隊には初動の遅れが宿命づけられているので**

ある。中国軍やロシア軍が奇襲攻撃を仕掛けてきても、自衛隊は防衛出動が発令されるまで、できることと言えば正当防衛や緊急避難の範囲で認められる武器使用のみということになる。

米軍には「Don't be a man being first shot.」という格言がある。直訳すれば「最初に撃たれる軍人にはなるな」ということになるが、「撃たれる前に撃て」というニュアンスが込められている。それが軍事組織普遍の真理であり、戦闘に勝利する唯一最後の原則なのだ。

だが、自衛隊はそれとは全く逆で、「最初に撃つ男になるな」というのが大原則である。専守防衛を旨とする自衛隊は、攻撃を受けてから反撃することしか許されていない。このこともあり、自衛隊の武器使用に関する法体系もいびつな形を取らざるを得なくなっている。

このままでは米軍の足手まといに

自衛隊法は、全ての自衛隊の行動、権限について、「何をやっていいか」を個別に規定する「ポジティブリスト」方式をとっている。米軍や英軍は「何をやってはいけないか」という「ネガティブリスト」方式を採用しているのとは対照的である。

1998年のことだ。私はシンガポールに派遣された。インドネシアの政情不安に伴い、政府は在留邦人の退避のため、航空自衛隊のC130輸送機6機と海上保安庁の巡視船2隻を派遣した。輸送機はシンガポールに待機した上で、必要があればインドネシアに飛び、シンガポールとの間をピストン輸送する計画だった。巡視船はジャカルタ近くの公海上に停泊させ、搭載ヘリコプターを使って在留邦人の出国を支援する予定だった。

この時、アメリカも同じように待機していて、救助部隊の指揮官は、米海軍イージス巡洋艦の艦長（大佐）だった。事後、10年来の友人であったこの艦長から聞き取った内容により、自衛隊と米軍の差を改めて痛感させられた。当時の自衛隊は、邦人救出の「準備行為」として派遣されていた。したがって、仮に戦闘行為に巻き込まれても必要最小限の武器行使しかできない。

これに対し、米軍は部隊行動基準（ROE）に基づき、必要な武器使用が認められていた。「ノー」と言われていないことは全部できる。アメリカ国民を救うのが軍隊の任務だ。しかも、撃っていいかどうかの判断を、いちいちワシントンに問い合わせてもいられない。アメリカの議会は法律に沿っているかどうかもさることながら、国の命令を受けて出動している米軍兵士がいかにリスクを最小にして任務を遂行できるかを考える。

これに対し、日本の場合は社会党の時代から、防衛問題と言えば、自衛隊の手足をいかに縛るかにばかり関心が向いている。今もその呪縛が解けているとは到底思えない。第五章でも指摘したが、国会は国民の代表として、自衛隊に命がかかった任務を命じる責任を負っている。そのことを意識していれば、今のままでよいという結論にはならないはずだ。

いずれにせよ、**防衛出動が発令されていない段階で自衛隊が手足を縛られたままであるならば、自衛隊と米軍が共同行動する場合に、自衛隊が足手まといになる。**

おそらく、中国の人民解放軍も米軍と同様に、「ポジティブリスト」に縛られるということはないであろう。日ごろから、何かあった時は最後は現場の指揮官がぎりぎりの判断で部隊を使うことができる軍隊と、そうではない軍隊が戦火を交えた時、有利になるのはどちらか。答えは明白なはずだ。

警察と自衛隊の違いと、ポジティブリストの弊害

「ポジティブリスト」に基づく権限は、自衛隊の出自に関係している。自衛隊は1950年8月に発足した警察予備隊を源流に持つ。「予備隊」という名前が付いていようと、ついていまいと、警察組織であることに変わりがない。そして、警察組織は基本的に「ポジティブリスト」方式で権限が与えられている。自衛隊には警察組織として出発したDNAが今も残っているのだ。

警察と軍隊の違いは何か。それは、抑止力のよって立つ基盤にある。警察も軍隊も「抑止」することが重要な任務である。警察ならば国内の犯罪を抑止することであり、軍隊なら外国からの侵略を抑止することが最大の使命だ。

しかし、抑止の手段は大きく異なる。警察にとって最大の抑止力は法律である。法律を執行するのが警察であり、たいていの人は法律に従い、もしも従わないのであれば実力を行使する。それが警察だ。これに対し、自衛隊にとって法律は抑止力の武器とはなりにくい。もちろん、国際法は存在するが、ロシアのウクライナ侵攻は国際法が抑止力にならないことを示している。軍隊にとって、抑止力とは力なのである。

分かりやすいのが、原子力発電所の警備だ。現行法では、平時の原発警備は都道府県警が行うことになっている。しかし、ある国が日本を侵略しようと考えた場合、原発は最も効果的にダメージを与えることができるターゲットであるはずだ。特殊部隊を送り込み、原発を破壊する可能性もある。

こうした攻撃を警察で防ぐことはできるだろうか。敵国の特殊部隊が乗り込んでくれば、おそらく警察の警備隊は全滅するであろう。それでも原発警備を警察に任せるのは、原発に関する法律は守られることを前提としているからだ。立入禁止と書いてあれば、不法侵入する人間はいないことが大前提になっているからである。

しかし、相手が外国軍の特殊部隊であれば、そんな理屈は通用しない。敵は警察の武器を上回る装備で警備隊を圧倒することになるであろう。しかも、警察の武器使用は「警察比例の原則」にのっとっている。相手がピストルで武装しているのに、こちら側はマシンガンを使ってはならない。相手がマシンガンで武装しているのに、こちらが戦車で制圧してはならない、ということだ。

有事でなければ、自衛隊も「警察比例の原則」に従わなければならず、「ポジティブリスト」に基づき手足も縛られている。だが、相手が軍隊であれば、「警察比例の原則」にこだわってはいられないというのが本来の姿だ。敵を殲滅することをまずもって考えなければならない。

外国の軍隊が日本の法律に従うという前提で組み立てるのであれば、自衛隊を「ポジティブリスト」で縛っても問題はないかもしれない。しかし、国際社会の冷厳な現実を踏まえれば、軍隊には軍隊のルールがあることを受け入れ、自衛隊には「ネガティブリスト」で行動させなければ、外国の侵略に対抗する術が失われてしまいかねない。

「そんなことは分かっている。そもそも警察予備隊と自衛隊は全く異なる組織である。自衛隊は実力組織として存在しているのであるから、警察と一緒の感覚で防衛をやっているわけではない」という反論があるかもしれない。しかし、私には、警察予備隊のDNAはいまだに払拭されているとは思えない。

その象徴が「ポジティブリスト」であるが、自衛隊制服組と防衛省内局の背広組を切り離し、背広組を制服組の上位に置いた「文官統制」もその一翼を担ってきたのではないだろうか。防衛庁発足当初、背広組の幹部は旧内務省の官僚が占め、しばらくすると旧内務省の流れをくむ警察庁の官僚が防衛庁の幹部ポストを占めてきた。今では生え抜きの官僚が防衛事務次官に就いているが、防衛省内局には「警察的思考」が染み付いている。

これが、いまだに自衛隊が「ポジティブリスト」に縛られている原因の一つであると私は考える。ただ、それだけではない。「軍」と呼ばず、「自衛隊」とか「実力組織」と呼ばなければならないのは何故なのか。それは明らかに「軍」とは違う何かであると説明したいからではないのか。そして、自衛隊が「軍とは違う」と説明しなければならないのは何故なのか。それは憲法第9条で「陸海空軍その他の戦力は、これを保持しない」と書いてあるからではないだろうか。

憲法に「陸海空軍を保有する」と明記を

ここまで説明すれば、私が言いたいことは予想がつくかもしれない。自民党の改憲案では、自衛隊の明記が盛り込まれている。だが、シンプルに憲法第9条を全て取っ払い、「日本は独立国としての主権を守るため、陸海空軍を保有する」と書き込むだけでいいのではないだろうか。

ただし、これは自衛官が考えることではない。主権者たる国民、そして国民の代表たる国会議員が考えるべきことなのだ。国会は文民統制の「一丁目一番地」である。憲法でどのように自衛隊を位置づけるか、最終的に判断するのは、国会と国民なのだ。

私の現役時代、最も気を遣ったのは、憲法の精神から1ミリも逸脱しないことだった。

だからこそ、部下や後輩にも「いざとなったら逃げろ」と命じてきた。ソクラテスの言う通り「悪法もまた法なり」である。

ソクラテスは自分が死刑になる際に「悪法」に従った。私が自衛官として任務に就いたのは、日本に戦火が及ばない「平和な時代」だった。しかし、現在はいつ台湾で有事が発生するかもしれないし、戦火が日本に飛び火するかもしれない。

吉田茂元首相が言ったように「国民からチヤホヤされる」ことを望んでいるのではない。思う存分に任務を遂行するための環境を整えてほしいと言っているのだ。いま、日の前で日本が存亡の危機に立たされ、自分が逃げれば国民に多大な災禍が及ぶとわかっているとき、自衛官は深刻なジレンマに直面する。そういうジレンマに自衛官を陥らせてほしくはないのだ。

考えてもみてほしい。日本が有事に直面したその瞬間、何人もの自衛官の命が失われてもおかしくない状況になる。その一瞬一瞬の判断が、重い決断となる。「だから、やるな」という人もいるだろう。しかし、アメリカと違い、日本では普通の人に対し、武器をもって戦えと命令することはできない。24万人の自衛官がやるしかないのだ。

ある指揮官は涙を呑んで逃げ、ある指揮官は自らの命と引き換えに敢えて憲法違反を犯すかもしれない。いずれにしても、現場の指揮を任された自衛官は、常人には想像できない重荷を背負うことになる。そんな苦しみを後輩たちに負わせたくない。私は憲法改正を切望する。

第八章
教訓生かされぬ日米同盟

「敵基地攻撃能力を保有する」の前にやるべきこと

本章では日米同盟の問題点を指摘したい。

岸田文雄政権は、2022年の末までに国家安全保障戦略、防衛計画の大綱、中期防衛力整備計画の安保3文書の改定を予定している。この作業で目玉の一つとなっているのが、いわゆる「敵基地攻撃能力」の保有だ。政府・自民党は「反撃能力」と呼ぶようになっているが、要するに敵の国土を叩く能力を指している。

これまで、日本の安全保障は米軍が「矛」の役割を担い、自衛隊が「盾」の役割を担うとされてきた。つまり、攻撃能力は米軍、防御能力は自衛隊という役割分担をしてきたというわけだ。

自らの国土を守るためには敵の国土を叩く能力がなければならない。これは、ロシアの侵攻を受けているウクライナを見れば一目瞭然であろう。ウクライナ軍は米軍をはじめとする北大西洋条約機構（NATO）諸国から軍事支援を受けている。2022年2

月24日以降の開戦当初は対戦車携行ミサイル「ジャベリン」が注目されたし、5月以降は榴弾砲や高機動ロケット砲システム「ＨＩＭＡＲＳ」が有効な兵器として取り上げられている。

だが、欧米諸国の対ウクライナ武器支援リストの中に、戦闘機や長距離ミサイルは入っていない。防弾チョッキや化学防護衣などの支援にとどまっている日本はともかくとしても、欧米諸国ですら、ロシアの国土を攻撃可能な兵器の供与には二の足を踏んでいる。これは、ロシアを刺激すればＮＡＴＯ諸国も攻撃対象になりかねないからだ。バイデン米大統領は開戦前から第３次世界大戦は何としてでも回避する意向を示していた。さらに、ロシアが追い込まれれば、核兵器を使用する恐れもある。

この結果、犠牲になったのは、ウクライナの国土と国民である。確かに9月以降は東南部地域でウクライナ軍が反撃に出ているが、戦場となった都市ではコンクリートというコンクリートの建物が破壊しつくされ、民間人の虐殺も発生している。

本来であれば、ウクライナはロシア国土を攻撃する能力を持ち、ロシアの侵攻を抑止する態勢を整えていなければならなかった。さもなくば、アメリカなどと同盟を結び、ロシアがウクライナに攻め入れば、アメリカやＮＡＴＯ軍が介入することを示し、ロシアに侵攻を思いとどまらせなければならなかった。敵基地攻撃能力もなく、同盟もない。ウクライナがロシアの侵攻を防げなかったのは、この二つが理由だと言える。

一方、日本はこれまで、敵基地攻撃能力は保有していなかったが、アメリカと同盟関係を維持してきた。日本は平和憲法を持っているので敵国を攻撃できない。その代わり、アメリカが攻撃能力を日本に提供してくれる。こういう前提で日本の安全保障政策は組み立てられていた。

しかし、実際に外国軍が日本へ攻め込んできた時、自衛隊と米軍はどのように戦うのか。日本が敵基地攻撃能力を持つとしても、自衛隊は敵のどの部分をどれぐらい攻撃し、米軍はどの部分を攻撃するのか。そういう作戦打ち合わせができなければ、実際の戦争ではうまく機能しない。実のところ、そのような実場面で十分に機能する調整は日米間でできていないのが実情だ。

敵基地攻撃能力を保有するのは結構だ。しかし、その前にやることはたくさんある。日米間の調整が十分に機能していない状態で敵基地攻撃能力を保有すれば、現場の混乱を招きかねない。

子どもが夏休みに作る予定表のような作戦計画

自衛隊と米軍が有事の際にどのような役割分担をするか、調整できていない。こう断言すると、おそらく政府からは猛烈に反論されるであろう。実際、日米両政府間には、非公表の共同作戦計画も策定されている。

共同作戦計画がないよりはあったほうがいいに決まっている。しかし、**今までの共同作戦計画は、子どもが学校で作る夏休みの予定表のようなものだ。そんなものが実際に夏休みを有意義に過ごすために使われることはめったにないのと同じように、自衛隊と米軍の共同作戦計画も、有事が始まればただの紙切れになる恐れがある。**

共同作戦を行うとなれば、ロジスティックスすなわち後方支援まで含めて綿密に調整しなければならない。要するに、立派な兵器だけそろえても、弾薬や食料、燃料なくして軍隊は機能しないのだ。では、有事が発生すれば、日米はどのように動くのか。

事前に米海兵遠征師団がこのように動く、後方支援連隊がこのように動くと打ち合わせしておいても、その通りに動くことなどまずありえない。米海軍が日本周辺に展開する巡航ミサイル潜水艦が5隻の場合もあれば、2隻の場合もある。後方支援は1個部隊かもしれないし、5個部隊かもしれない。

米軍が活動しているのは日本周辺だけではない。世界全体で動いている。日本周辺で有事となれば、遠く離れた地域でも動きがある可能性が高い。そうなれば、状況はダイナミックに変わる。米軍はこうした状況に柔軟に作戦を考えなければならない。そして、自衛隊も米軍と調整した上で、投入する戦力を考えなければならない。

このような調整が必要とされる事態は、明日起きても不思議ではないことは、ロシアのウクライナ侵攻を見れば明らかだ。**中国も東シナ海、南シナ海で一方的な現状変更の試みを続けている。今までのように、抑止することに主眼を置いた作戦計画は意味をなさなくなりかねないのだ。問われるのは、抑止が破綻した後で実際に対処するための作戦計画なのである。**

自衛隊と米軍はこれまで、大学入学試験の受験生のように、一生懸命作戦計画を作ってきた。しかし、やることが事前に分かっている入試と違い、現実の戦闘で相手は何をするかわからない。大学受験かと思って準備して試験会場に着いてみたら、我々が受験するのはフィギュアスケートの技能テストなのかもしれないのだ！

日本では、戦後長らく戦争など起こらないという前提で計画を立ててきた。それは、米軍との共同作戦をめぐる調整でも同じだった。しかし、今は50年前のような状況ではない。これまでと同じやり方をしていたのでは、日本と日本人を守ることはできない。その事実を改めて思い知らされたのは東日本大震災だった。

美談に終わった「トモダチ作戦」だが……

東日本大震災は2011年3月11日午後2時46分ごろ、三陸沖東南東130キロ付近で、深さ約24キロを震源とする地震だった。マグニチュードは1952年のカムチャツカ地震と同じ9・0。国内観測史上最大規模の地震だ。震災から3カ月を超えた6月20日時点で死者約1万5000人、行方不明者約7500人、負傷者約5400人。12万5000人近くの方々が避難生活を送った。

未曽有の大震災で今でも語り継がれるのは、「トモダチ作戦」だ。米軍は「日米最大の作戦」と位置付け、救援活動や物資の輸送などにあたった。動員された米兵は約2万4000人、航空機189機、艦船24隻に上る。震災から10年がたった2021年3月10日、ブリンケン米国務長官は声明を発表し、トモダチ作戦について「アメリカ人は誇りに思っている」と強調した。トモダチ作戦は、美談として語り継がれている。

確かに米軍の支援はありがたかった。日米同盟の友情が紙切れだけのものではなく、本当の絆で結ばれていることを示す活動だったことは間違いない。

しかし、私はこれを美談としてのみ片付ける気にはなれない。東日本大震災は、日米同盟の問題を浮き彫りにもしたからだ。

震災発生当初、アメリカ政府および米軍の目的は二つあった。一つは日本に在留するアメリカ人の保護だ。もう一つは、在日米軍の戦闘力を維持することだった。この2点において、日米間の食い違いは目に余るものがあった。

まずは在留アメリカ人の保護だ。今でも覚えている人は多いだろうが、震災発生から5日後の3月16日、アメリカ政府は、日本の地震に伴う東京電力福島第一原子力発電所の事故を憂慮し、在留アメリカ人に対し、福島第一原発半径80キロ圏内から退避するよう勧告した。米国務省はアメリカ人に対し、「日本への旅行を延期し、日本国内のアメリカ国民は出国を検討すべきだ」と呼びかけた。実際、チャーター機を手配し、東京、名古屋、横浜の大使館スタッフの家族約600人が自主的に出国することを認めた。

当時、日本国内では「アメリカが逃げた」という感情的な受け止めが散見された。その後には、避難勧告が放射線量などの実測データに基づくものではなく、仮想の事故シナリオに基づいて出されたと『朝日新聞』が報じている。

アメリカからすれば、日本政府が情報を出さないため、疑心暗鬼に陥っていた。だからといって、アメリカ側が根拠もなしに恐れていたとも考えにくい。

余談になるが、米海軍という組織は、世界で一番の原子炉ユーザーなのだ。米海軍が保有する原子力空母は11隻で、原子力潜水艦は60隻に上る。教育・訓練用も合わせれば、90基の原子炉を持っている。このため海軍兵学校の卒業生約９００人のうち、潜水艦の道を歩む卒業生約80人は、全員が原子力工学に精通している。どこの誰ということは言えないが、東日本大震災当時、日本国内の原子力潜水艦の指揮所にいた米海軍幹部は、日本政府が逃げ出すのではないかと相当な危機を持っていた、と私に明かしている。原子力の専門家から見ると、日本政府の情報があまりに不正確で信憑性に乏しいというのがその理由だった。それで日本政府が逃げ出すことを疑ったというのだ。

これは誤解だったのだが、当時は、こういったやり取りを米側と行う窓口がなかった。アメリカ政府の退避勧告も日本政府との調整を経ずして発令されたのである。

調整不足が招いた「米軍が逃げた」

アメリカ政府あるいは米軍にとって、在留アメリカ人の保護とともに大事だったのは、米軍の戦闘力を維持することだった。

青森県の米空軍三沢基地には、電子攻撃部隊が所属している。米軍が敵国の電子能力を奪う上で切り札ともいえる部隊で、三沢とヨーロッパにしか置いていない部隊だった。福島第一原発の放射能が風に乗って北に流れれば、三沢の戦闘機50機が使い物にならなくなるかもしれない。このため、三沢の戦闘機は退避するが、日米間で調整が行われることはなかった。さらに、横須賀の米空母「リンカーン」も退避している。これは、横須賀に放射能が流れて汚染された場合、「リンカーン」が犯人扱いされないため、事前に退避したというわけだ。だが、これも日米間の連絡調整がうまく進んでおらず、「米軍が逃げた」と批判される材料となった。

そもそも、米軍にとって、10万人を超す自衛隊員が東日本大震災の救助活動に投入されたこと自体が理解しがたかった。力の空白は「敵」にとっては絶好のチャンスになるからだ。もちろん、陸海空自衛隊が一部部隊を指定して有事に備えていたことをアメリカは少し遅れて知り、この震災の被害規模も合わせることにより誤解は解けたようである。ちなみにアメリカ憲法は、連邦軍が国内の問題にかかわってはならないという規定がある。だから、2005年にアメリカ南東部を襲った大型ハリケーン「カトリーナ」

の救難活動にジョージ・W・ブッシュ大統領が米軍を投入したことに賛否両方の声が上がったのだ。災害救助活動は通常、州兵が行うことになっている。確かに米兵はトモダチ作戦に従事しており、災害救助活動を行っている。しかし、米軍にとってこれはあくまで海外の話であって、国内での話ではないのである。

日本には日本の事情があったのは言うまでもない。「憲法違反」と批判され、「税金泥棒」と蔑まれてきた自衛隊にとって、災害救助活動は、国民から感謝される数少ない機会だ。自衛官といえども人間である。ましてや、お国のため、世のため人のため、と思って入隊した自衛官も少なくない。そうなれば、国民に奉公できる災害派遣は必死でやるに決まっている。

さらに言えば、ウイルスに感染した豚や鶏の殺処分や、新型コロナウイルスのワクチン接種まで、日本の地方自治体は自分でできることも自衛隊に頼ろうとする傾向がある。こんなことを言うと怒られるかもしれないが、米軍の目から見れば、自衛隊は本来の任務である国防をおろそかにして、自然災害の救助活動に熱をあげているように映るのも事実なのだ。

それはともかく、当時の米太平洋軍司令官だったロバート・ウィラード大将は、パトリック・ウォルシュ太平洋艦隊司令官を東京の米空軍横田基地に派遣した。「トモダチ作戦」も含めた日米調整のトップとして派遣されたのだが、その実は、在日アメリカ人の保護と米軍の抑止力の維持に不安を感じ、日本の安全保障上の危機を察知したからに他ならない。10万人以上の自衛官が東日本大震災の救助活動に投入されている状況は、悪意ある周辺国からすればチャンス以外の何ものでもない。こうした中で、抑止力を維持するため日米間で調整を行う体制は整っていなかった。ウォルシュ大将の派遣は、いわば窮余の策ともいえたのだ。

日米合同司令部がないという怖さ

在留アメリカ人の退避にせよ、米軍の戦闘能力維持のための退避にせよ、最大の問題点は、日米間で調整がうまく進まない中で行われたという点である。本来であれば、トモダチ作戦を美談に終わらせず、反省を生かした日米同盟の在り方を模索するべきだった。

日米両政府が何もしていなかったわけではない。2015年4月に改定された「日米防衛協力のための指針（ガイドライン）」では「同盟調整メカニズム（ACM）」と「共同計画策定メカニズム（BPM）」を設置することが盛り込まれ、実際に運用は始まっている。同盟調整メカニズムは、有事はもちろんのこと、日本有事には至らない「グレーゾーン事態」や平時における日米の調整の枠組みだ。同盟調整メカニズムの下には「共同運用調整所（BOCC）」と「各自衛隊及び米軍各軍間の調整所（CCCs）」が設けられ、制服組の代表が定期的に顔を合わせ、自衛隊と米軍の活動について調整を行う。

おそらく政府は同盟調整メカニズムで東日本大震災のような混乱は生じないと説明するであろう。だが、果たして本当にそうであろうか。

NATOや米韓同盟には、合同司令部が存在している。複数国の軍が一人の指揮官の下に動くシステムだ。しかし、日米同盟には合同司令部は存在していない。その代わり、同盟調整メカニズムができたということになっている。

日米の間に合同司令部が設置されていないのには理由がある。憲法第9条だ。2016年に施行された平和安全法制により、日本は集団的自衛権を行使できるようになった。しかし、あくまで日本の存立が危機に陥った時に限られる、限定的な集団的自衛権の行使しか認められていない。こうした状態にある日本の自衛隊が日米合同司令部に組み込まれれば、本来は認められていない集団的自衛権を行使する事態ともなりかねない。だから、日米間では同盟調整メカニズムでお茶を濁さざるを得ないのだ。

だが、有事になれば、自衛隊と米軍は密接に連絡を取り合い、調整を行わなければならない。こうした調整は、一朝一夕にできるものではない。夜中であろうと、盆暮れであろうと、1年365日を通して顔を突き合わせ、どこにどんな人間がいるのか把握し、阿吽の呼吸で物事を調整できるようにならなければ有事を乗り切ることはおぼつかない。

冷戦時代の日米同盟は合同司令部がなくてもよかったかもしれない。自衛隊は、ソ連が北海道に着上陸侵攻することを想定し、小規模かつ限定的な侵略を独力で排除し、米軍の来援を待つという前提で防衛力を整備していた。しかし、これはあくまで防衛力整備上の想定であって、そんな事態が生じる危険性が極めて低いとされていたからだ。

だが、今は違う。台湾有事は本当に起こるかもしれないし、そうなれば、南西諸島有事に発展する可能性が高い。おそらく中国軍は、制空権を握るために九州の拠点をつぶしにかかるであろう。そうなったとき、日米合同司令部が存在していないことが、禍根を残すことになりかねない。

本来であれば、東日本大震災の教訓から学び、すでに日米合同司令部が動き出していてもおかしくなかった。トモダチ作戦を美談で済ませてきたからこそ、中途半端な対応で終わってしまったのではないだろうか。

不思議な抗議ルート

日米同盟を運営していく上で、合同司令部がないという話だけが問題ではない。在日米軍のカウンターパートの問題も忘れてはならない。

比較的新しい話なので、皆さんもご記憶だろうとは思うが、沖縄県や山口県の在日米軍基地では2021年末から新型コロナウイルスのクラスター（感染者集団）が発生した。この問題は、日米同盟を有効に機能させるためには、どのようにするべきかを考える上で非常に興味深い事例だ。

ことの経緯はこうだ。日米地位協定などに基づき、米軍人やその家族らが直接在日米軍基地に到着する形で日本に入国する場合、日本の法令は適用せず、検疫は米軍が行うことになっている。日米両政府はコロナ対策で足並みをそろえることで合意し、2020年7月に共同声明を出していた。ところが、である。米軍は2021年9月から、日本へ出発する際の出国前検査を免除していた。この事実を日本政府が知ったのは、在日米軍基地の感染拡大が表面化した2021年末になってからだ。さらに、在日米軍が日本側の要請を受け入れ、基地からの外出制限を行ったのは2022年1月10日だった。

要するに、米軍は日本政府の言うことをきかず、勝手に新型コロナのチェックを免除し、感染が蔓延したのだからしっかり対策を取れと日本政府が求めても、米軍はなかなか重い腰をあげなかったという話だ。この問題で米軍を弁護することは難しい。当時は新型コロナ対策で日本国民がピリピリしていた時期だ。安倍晋三政権、菅義偉政権と、2代続けて新型コロナ対策に苦しみ、結果的に政権が倒れている。それにもかかわらず、日本側との取り決めを破り、さらには求められた対策も遅れたというのであれば、日米同盟に対する信頼を損ないかねない。

ただ、一連の報道を見ていると、気にかかる点があった。日本政府は米軍に抗議し、対策を求めてはいる。しかし、そのルートに首をかしげざるを得なかった。外務省の市川恵一北米局長が在日米軍のリッキー・ラップ司令官に抗議や要請を行っていたのだ。日米地位協定を所管しているのは北米局長であり、在日米軍の管理を行っているのは在日米軍司令官だから、こういう取り合わせになっていることは理解できる。

しかし、歴代の在日米軍司令官は空軍出身であり、ラップ司令官も空軍中将だ。問題が起きていた沖縄や岩国の米軍基地は海兵隊の基地だった。米軍は陸海空軍と海兵隊の

4軍種で構成され、お互いにある意味でのライバル関係にあり、意思疎通も難しいことは、軍事の世界では常識である。本当に沖縄や岩国での問題を解決したいのであれば、沖縄の第3海兵遠征軍司令官もしくはハワイのインド太平洋海兵隊司令官、あるいは米本土の米海兵隊総司令官に申し入れを行うのが最も効果的だ。通常のルートで形だけの抗議をしてみても、日本側の真剣度は伝わらない。

さらに言えば、外務省の高級官僚が米軍司令官に抗議や要請を行ったところで、どれほどの効果があるだろうか。武人の世界は武人でなければわからないことが多い。制服を着た者同士であればスムーズに事が進む事例はいくらでもある。そういうことを外務省も防衛省も知らなかったわけではあるまい。それにもかかわらず、「北米局長が在日米軍司令官に抗議した」という報道に繰り返し接するたび、私は不思議に思わざるを得なかった。そう感じたのは、私にもささやかな経験があったからだ。

米軍の「ライオンズ」と「ブッチャー」に締め上げられる

私がまだ若いころだった。海上幕僚監部の防衛部長を通じ、神奈川県知事からある依頼を受けた。米軍厚木基地で行われる空母艦載機の夜間離着陸訓練（NLP）に関する話だった。

当時、ＮＬＰは2月から4月にかけて最も盛んに行われていた。しかし、この時期は日本では受験シーズンにあたる。受験生や親御さんからすれば、夜間の爆音で勉強を邪魔されてはたまらない。だから、なんとかこの時期を外してくれるよう頼んでもらえないかという話だった。

おそらく、地元自治体や外務省が申し入れをしても、にっちもさっちもいかなかったのであろう。だから、本来はその任にない私にお鉢が回ってきたのだろうと思う。私が米海軍に出向き、話をすると、一発でＯＫだった。その後、関係者の間では受験シーズンに配慮したＮＬＰを、「神奈川方式」と呼ぶようになった。ちなみにこの呼称は、当時の実際の神奈川県の高校受験手続と同じ呼称だった。

「なんだ、どうせ言うことをきくのなら、正規のルートで申し入れしたときに言うことをきけばいいじゃないか」と思われるかもしれないが、それが武人の世界なのだ。

厚木基地と言えば、私は米海軍幹部から、殺されそうな勢いで抗議を受けたことがある。１９９1年、厚木基地での陸上空母離着陸訓練（ＦＣＬＰ）を硫黄島に移転することが決まった。１９７７年には戦術偵察機の墜落事故で、日本の市民３人が死亡、６人が重軽傷を負っている。しかも、墜落した戦術偵察機の米軍パイロットはパラシュートで脱出し、無傷だった。騒音対策もあり、当初は三宅島への移転で調整が進められていたが、防衛庁の稚拙な地元説明と地元住民の反対で頓挫し、住民がいない硫黄島が選ばれたのだ。

しかし、厚木から硫黄島までは1000キロの距離である。この間には空母艦載機が着陸できる滑走路はない。エンジントラブルなどで艦載機が墜落すれば、捜索・救難も難しい。当時、交渉相手の米海軍のトップは、ライオンズという大将（太平洋艦隊司令官）と、ブッチャー（肉屋）という少将（空母部隊指揮官）だ。2人とも空母艦載機搭乗員である。調整過程で2回トップ説明をしたが、その際、彼らは「お前、何をいっているんだ。米海軍の宝である空母艦載機搭乗員を殺す気か。そんなことできるわけないだろう」と食って掛かる。ものすごい迫力で締め上げられたが、こちらも負けてはいられない。意を決して反論したことを覚えている。

「そんなことを言っていたら、次の事故で日米安保をつぶすことになります。それでもいいのですか」と粘り抜いた。

結局は米側も説得を受け入れ、硫黄島への移転は「暫定措置」ということで折り合いがついた。だが、「暫定措置」というのは名ばかりで、長らく米海軍は硫黄島での離着陸訓練を余儀なくされた。ようやく鹿児島県の馬毛島への移転が進みつつあるが、すでに30年以上が過ぎている。アメリカ側に約束を守らせたいのであれば、日本も約束を守らなければならないのは言うまでもない。

制服同士でしか通じないハナシはある

少し話は違うが、私が佐世保地方総監を務めていた時のことも思い出深い。2006年10月21日、長崎県佐世保市にある米海軍佐世保基地で火災が発生した。この時のティルマン・ペイン司令官の判断がアメリカ政府の内部で大問題となる。ペイン司令官が地元の消防車を入れたからだ。米国務省や在日米大使館が、日米地位協定を無視して勝手に判断したと騒ぎだしたのだ。

私はそれを聞きつけ、すぐに横須賀の在日米海軍司令官に連絡を取った。

「基地問題は非常に敏感な問題だ。火事が大きくなれば、米軍基地に対する地元の感情も悪くなりかねない。地位協定を犯したとか、アメリカの国益を損ねたという話では全くない」

ペイン司令官は日米関係にとって良かれと思って判断したのである。これを杓子定規に規則違反だのなんだのと言って処分されることになれば、今後は柔軟な対応を望めなくなる。その後、ペイン司令官は佐世保市国際親善名誉市民に選ばれたことは、私にとって同慶の至りだった。もちろん、本件はアメリカ政府内では不問になり、その後、彼は少将に昇任した。

何が言いたいのかと言えば、**制服組同士でしか通じない話もあるということだ。長く築き上げた米軍と自衛隊の関係は、日本にとってもアメリカにとっても財産である。ならば、その財産を活用しない手はないではないか。**それが日米同盟を安定的に運営する上でも賢い選択と思うのだが、いかがであろうか。

たとえば、沖縄県には在日米軍の専用施設の約7割が集中している。沖縄戦の記憶もあり、米軍に対する地元の感情は特別なものがあるのは当然だ。沖縄に駐留しているのは、米海兵隊が大半である。戦争ともなれば、真っ先に戦地に投入される、つわものどもが集まる部隊である。高校を卒業した直後に海兵隊に入隊し、日本に送り込まれてきた若者も多い。我々自衛官から見れば、とても理解しがたい不祥事を起こすこともある。

海兵隊の犯罪が許されるわけではない。自衛官の犯罪と同じく決して許されない問題だ。ただ、海兵隊に限らず、軍人は自分たちのミッションに誇りを持っている。自分たちの活動が地域と日本の平和と安全を守っているのだという自負がある。だから、背広を着た役人にあれしろ、これしろと言われれば、ついつい感情的になってしまう人間もいる。

そういう事情が分かっていれば、在沖縄米軍基地の騒音や犯罪の対策も工夫のしどころがあるのではないか。通常では、米軍に抗議するのは、外務省の沖縄事務所長を務める沖縄担当大使と、防衛省の沖縄防衛局長だ。いずれも背広組であることは言うまでもない。

だが、本当に沖縄の基地問題を改善したいのであれば、このルートだけでいいのだろうか。自衛隊の制服組幹部なら、どこが米海兵隊にとって譲れない一線なのか、どこまでなら地元感情に配慮できるのか、理解できるはずだ。そういう言葉であれば、海兵隊幹部も耳を傾けるに違いない。

もちろん、海兵隊幹部と自衛隊幹部が話すべき話は他にもある。なんといっても有事になれば、お互いに肩を組んで作戦に当たらなければならないのだ。そういう間柄の者同士が基地問題でぶつかり合いたくないという思惑があるのであれば、それは大きな間違いだ。陸上自衛隊の中には、あまり米海兵隊と近しいところを見せると、米軍基地に対する反対が自衛隊基地にまで飛び火しかねないという声もあると聞くが、それもおかしい。ともに戦う自衛官と米軍人同士であればこそ、日米同盟を強化する上で、基地に対する地元の理解を少しでも得ることが重要であることはわかるはずだ。基地対策でも肩を組みあう姿を見せ、地元の理解を得てほしいと思うのは、私だけではないはずだ。

終章

自衛官の名誉と自覚

私、叙勲は辞退させていただきました

今から申し上げる話は、海上武人集団である海上自衛隊の文化からすると、自分からしゃべることは禁句であるが、本書と本節の目的を考え、あえて禁を犯すこととした。

毎年、春と秋になると、叙勲受章者が発表される。かたじけないことに、70歳になった私にも勲章授与の打診があったが、謹んで辞退させていただいた。叙勲の栄に浴する資格がないと考えたからだ。その理由は、いわゆる「イージス艦衝突事故」にある。

イージス艦衝突事故とは、2008年2月19日未明、千葉県の野島崎沖で、海上自衛隊のイージス艦「あたご」と千葉県の漁船「清徳丸」が衝突した事故だ。漁船の父子2人が行方不明となり、3カ月後に死亡認定された。

自衛隊は国民の生命と財産を守るために存在する。その自衛隊が正当な理由なく国民の命を奪うことは絶対にあってはならない。

事故当時、私は自衛艦隊司令官を務めていた。自衛艦隊司令官とは、防衛相の指揮監督を受けて海上自衛隊の主力である自衛艦隊の隊務を統括する。要するに、運用に関す

る現場の総責任者だ。事故当時の最高指揮官は私だった、ということになる。そんな私に、勲章をお受けする資格はないと考えた。

　横浜地方海難審判所は２００９年１月、あたごの監視不十分が事故の主因と裁決し、所属部隊に安全運航徹底を勧告した。そして、この年４月、横浜地検は衝突時と直前にあたごの当直責任者だった２人を業務上過失致死罪などで在宅起訴した。だが、２０１1年5月11日、横浜地裁は「衝突の危険性を発生させた清徳丸側が、あたごを回避する義務を負っていた」などとして、２人に無罪を言い渡した。

　当直に刑事責任を問うことには無理があった。ただ、あたごはミスを犯している。本来、艦橋の両脇の甲板にいる見張りを艦橋内に立たせていたのだ。清徳丸に衝突回避義務があり、あたごに法的な責任はなかったかもしれない。漁船が法律を守っていれば、事故は回避できた、という判断であろう。しかし、そんなことはよくあることだ。海上自衛隊の艦長だけでなく多くの船長は当時の状況であれば艦や船を止め、彼らが行き過ぎるのを待つのが普通だ。それをやっていなかった。魔が差したとしか言いようがない。あり得ないことがあったから、事故が起きたのだ。

　このようなことから、事故原因や有罪／無罪とは切り離した。「おおよそ国民の安寧と安定を守る最後の砦である自衛隊が、平時に、しかもいかなる罪もない国民を死に至らしめた」という冷厳たる事実に対する部隊指揮官としての身の処し方の私なりの結論が叙勲辞退であった。

「お前ら、一切文句は言うな。黙ってやるぞ」

私は部下にそう言って聞かせ、事故対応に当たった。現場での行方不明の方々の捜索・救難にあたり、ご家族を洋上にお連れして捜索状況を見ていただくため、飛行限界ギリギリの強風の中でヘリコプターを飛ばした。ヘリ部隊指揮官が最も操縦技量の高いパイロットの人選をして、息をのむような強風の中でご家族を捜索中の護衛艦にお連れした。事故発生の当日に東京・市ヶ谷の海上幕僚監部から届いた「あたごの航海長を東京に来させろ」という指示にも従った。「艦乗り」(フナノリ)として、おかしいと思ったが、これに文句を言ったら、事故を起こした総大将が反抗しているように受け止められると考えたからだ。

だが、今も航海長を東京に呼んだ判断には疑問がぬぐえない。当時の石破茂防衛大臣は、自ら原因解明にあたる姿を示そうとしたようだが、航海長は現場対応で外せないし、事故の状況について航海長が全て知っているわけでもない。しかも、原因究明を行うのは捜査機関たる海上保安庁である。これでは海上自衛隊が担当者を囲い込んでいるように見えて、海上保安庁に良い心証を与えるはずもなかった。

本来であれば、統合幕僚長や海上幕僚長が大臣に対し、「航海長は外せません」と東京に呼ぶことを思いとどまるよう進言するべきだった。民間の方が犠牲になったのだから、謝罪することは大事だ。しかし、説明責任を果たす、ということを簡単に考えていたのではないか。海難事故は、簡単に結論が出るものではない。車の交通事故よりはるかに込み入っている。数か月かけて行うものなのだ。現場を知り尽くした制服組が、背広組に説明し、理解を得るべきだった。

結果的に、あたごの当直責任者2人は無罪になった。衝突回避義務が漁船の側にあったことも明らかになっている。このため「とにかく海上自衛隊が悪い」という前提で物事を進めた石破氏に不満を持つ制服組の後輩がいることも私は知っている。

ただ、私は事故が起きる前に、石破氏が自衛隊幹部に対して訓示したことを覚えている。「自衛官として、今日よりも明日、明日よりもあさってと進歩しなければならない」という趣旨の話をされた。あの時は石破氏の言葉にしびれた。これもまた事故の相当前の話だが、私が海上幕僚監部の防衛部長を務めていた時、石破氏が「あとは政治家で責任を取ります」と言った時、私は「大臣、それは無理です。大臣が責任を取ることはできません。結局は自衛隊が責任を問われることになる」と申し上げると、石破氏はムッとした表情を浮かべたが、それ以来、直接言葉をかけてくれるようになった。

いずれにしても、制服組が石破氏を止められなかったのは、かえすがえす残念だ。自衛隊はシビリアンコントロールの下にあり、大臣の命令は絶対である。しかし、シビリアンコントロールを尊重することと、大臣のイエスマンになることとは、全く異なる。軍事の専門家として、政治家が聞きたがらない話も申し入れる。これこそが、自衛官の誇りとするべきところだと私は考える。

憧れでなくなった？　自衛艦隊司令官

話のついでに自衛艦隊司令官というポストについて説明しておきたい。イージス艦衝突事故のときに私が就いていたポストであり、海上自衛隊を退官したときのポストだ。

自衛艦隊司令官といっても、分かりにくい人も多いだろう。おこがましいようではあるが、旧海軍でいえば山本五十六提督が戦死したときの配置である連合艦隊司令長官と同じようなポストと言って差し支えない。もちろん、戦略打撃組織ではない海自で連合艦隊という言葉を使用することは、私が若い時から当時の海軍経験者の先輩からも厳に戒められていた。ここでは説明のためあえて使った次第である。

戦前のハナタレ小僧があこがれたのは、陸軍大将か連合艦隊司令長官だったと親からよく聞かされていた。「何になりたいか？」と聞かれて、海軍大臣や陸軍大臣と答える子どもはいなかったようである。海軍大臣や陸軍大臣は、今でいえば防衛相のようなものだ。行政組織として「軍政」をつかさどるポストである。これに対し、軍令部総長が作戦を練り上げる「軍令」をつかさどり、連合艦隊司令長官は戦いを指揮する戦闘組織の長、つまり実際に戦争を行うポストだ。

ちなみに、総理大臣も務めた米内光正提督は、連合艦隊司令長官から海軍大臣に転じた時、大いに悔しがったと聞く。それはそうであろう、プロ野球でいえば、連合艦隊司令長官が現役バリバリのスター選手だとすれば、軍令部総長は現役を退いた監督やコーチのようなものだ。そして、海軍大臣はフロントで球団を運営する球団代表やオーナーと言えるかもしれない。野球少年は現役選手に憧れるのである。野球少年が球団オーナーに憧れるという話を私は寡聞にして知らない。

戦後の日本では、戦争は悪いことと位置付けられている。それはそれで間違っていない。ただ、自衛戦争も何もかもすべての戦争が悪だと決めつけてしまえば、自衛艦隊司令官が子どもたちにとって憧れのポストではなくなっても仕方がない。ただ、海上自衛官にとって、自衛艦隊司令官は、いつかはやってみたいポストだ。少なくとも私はそうだった。

上を見ながら仕事していないか？

私が初めて海上幕僚監部で勤務したころは、大きな物事を決める際、海上幕僚長は必ず自衛艦隊司令官の意見を聞いていた。当時の海幕長は海軍兵学校の出身だった。海上幕僚監部は自衛艦隊司令官を存分に働かせるためにあるという意識がものすごく強い方だった。

たとえば、新しい護衛艦の性能や、中期防衛力整備計画の重点分野などについて、まず自衛艦隊司令官の意見を聞く。なぜなら、護衛艦を実際に使うのは自衛艦隊司令官に他ならないからだ。机上で鉛筆をなめなめしながら作りあげる防衛整備計画ではなく、まさに現場で使う者の視点に立ってこそ、本当に必要な防衛力整備ができるのである。

ところが、私が自衛艦隊司令官を務めていたときは、そのように意見を聞かれたことはほとんどなかった。ということは、それだけ組織文化が変わったということになる。なぜ、こういうことになったのであろうか。理由はいろいろあるだろうが、思考論理の飛躍を承知で言えば、防衛力整備の在り方を考える有識者会議が設置されるようになったことも一因ではないだろうか。

1994年2月、自民党から政権を奪い取った細川護熙連立政権は防衛計画の大綱を見直すため、首相の私的諮問機関として「防衛問題懇談会」を設置する。樋口広太郎アサヒビール会長を座長とする懇談会は1994年8月、自衛隊の大幅縮小を盛り込んだ報告書、いわゆる「樋口レポート」を答申した。政府はこれを受け、防衛計画の大綱を改定した。1995年、つまり平成7年に改定されたので「07大綱」と呼ばれている。

それまでの防衛力整備は、陸海空自衛隊の下から積み上げるボトムアップ型で進んでいた。ところが、07大綱では首相官邸に設けられた有識者会議が大方針を示し、これが下に降りていくトップダウンの方式がとられたのだ。防衛力整備の軸足が部隊から政府、あるいは霞が関や首相官邸に移っていった瞬間と言える。

こうした官邸主導の防衛力整備は、安倍晋三政権で一層進んだように思える。ヘリコプター搭載護衛艦「いずも」のいわゆる空母化や、地上配備型弾道ミサイル迎撃システム・イージスアショアを配備した際も、官邸からの指示が下りてきて、生煮えの案を出すことになったと聞く。

菅義偉政権下のイージスアショアの配備断念からイージスシステム搭載艦の導入決定に至るまでの経緯も含めて、自衛隊がボトムアップで意見を吸い上げながら仕事をするのではなく、上を見ながら仕事をするという風潮が強くなり、定着したのだと感じさせる。今思えば、イージス艦衝突事故の際に航海長を東京に呼び出した判断をストップできなかったのは、上ばかり見て現場の判断を尊重しない組織文化の萌芽と言えるかもしれない。

首相は自衛隊最高指揮官

勘違いをしてもらっては困るが、自衛官にとって、上からの指示、つまり政治家からの指示は絶対である。たとえその指示が間違っていたとしても、最終的には従うのがシビリアンコントロールの鉄則だ。

しかし、首相や防衛相が間違った判断をしないように、軍事の専門家として補佐するのが制服組の仕事である。何度も繰り返すが、制服組が「補佐」するというのは、首相や防衛相の言うことに何も言わず従うイエスマンになることと同じではない。時には辞職を覚悟して厳しい進言もしなければならない。

逆に言えば、シビリアンコントロールが有効に機能するためには、首相や防衛相が制服組のアドバイスに「聞く力」を発揮し、最後の最後は自分の責任でコトにあたらなければならない。首相や防衛相にこうした資質がなければ、シビリアンコントロールは成り立たない。勝手な素人判断で防衛政策を進めれば、その国の存立が危うくなってしまいかねないからだ。

自衛隊を指揮統制する立場である首相や防衛相の資質に関し、もう一つ言いたい。首相や防衛相は行政組織の長であるとともに、自衛隊という戦闘組織の長であることも自覚してもらわなければ困る。

アメリカ大統領選では、行政組織の長としての資質が問われるとともに、コマンダー・イン・チーフ、つまり合衆国軍最高司令官としての資質も問われることになる。軍隊とは、武器をもって外国の侵略を排除する組織だ。最後には人の命を奪い合うことが起きる世界だ。その命を預ける相手が最高司令官なのである。最高司令官に求められる資質は、おのずから行政の長とは異なる。だからこそ、アメリカ大統領は行政手腕だけではなく、軍隊のトップとしての器量も問われるのである。

　歴代の日本の首相や防衛相は、どれだけこのことを自覚しているだろうか。たとえば、自衛隊の観閲式や観艦式では、首相が観閲官として参加する。この時、自衛官は「内閣総理大臣」に対して敬礼することになる。私は米軍の公式行事に何度も出席しているが、この時、大統領が名前を呼ばれる際は、「合衆国軍最高司令官、ジョセフ・ロビネット・バイデン・ジュニア」と呼ばれる。本来であれば、観閲式や観艦式で、首相も「自衛隊最高指揮官」と呼ばれるべきなのである。

　これは、単に肩書や呼び方の問題ではない。意識の問題なのだ。その点、安倍晋三元首相は自衛隊の名誉の問題を真剣に考えていたと聞く。観閲式や観艦式では「内閣総理大臣　自衛隊最高指揮官　安倍晋三」と訓示を締めくくっていた。また、首相官邸の執務室には自衛隊旗が飾られるようになったという。すでに触れたように、統合幕僚長ら制服組幹部が定期的に首相に報告する慣例を作ったのも安倍氏だし、防衛大学校の卒業式は自民党大会よりも優先していただいた。

　ただ、これが安倍氏という個人が自衛隊を尊重していたという話で終わらせてはいけない。あえていえば、安倍政権の間でも、改善されていない問題は数多くあった。戦闘組織たる自衛隊のトップという自覚があるならば、言い換えれば死地に赴く部下に命令を下すトップという自覚があるならば、目につく組織の問題はごまんとあるはずだ。

たとえば、自衛官は現役の間、医療費は無料である。ところが、退官したとたん、自衛隊ＯＢは一般国民と同じように医療費を（一部の例外はあるが、原則）払わなければならない。一方、米軍の場合一定期間軍務に就いた人は退役しても医療費は無料だ。これは、国家に対して貢献したことに対し、国として敬意を表していることを意味する。

米軍には、一定期間軍務に就けば、優先的に大学に入学できたり、奨学金を利用できたりする制度がある。自衛隊にも任期制自衛官として任期満了まで勤務し、国内の大学に進学する場合、在学中も予備自衛官や即応予備自衛官に任用されれば進学支援給付金がもらえる制度が２０２１年度からスタートしているが、即応予備自衛官で年額24万円、予備自衛官で年額４万円だ。十分な金額とは言えない。

また、自衛官は転勤がつきものである。私は36年間の勤務のうち、11年間は海上幕僚監部と統合幕僚会議事務局で勤めていたので、まだ地方勤務が少ない方だったが、それでも残りは部隊勤務である。東京勤務を基本とする他の国家公務員と同じ基準で官舎の家賃を取られたらたまったものではない。報道では大卒でも幹部自衛官の初任給が約22

万円で、これでは戦えないという趣旨のことが書いてあったが、法律上の例外措置として自衛隊に対する特別な待遇が認められてもいいのではないだろうか。

昔は「大型免許が取れますよ」と誘えば簡単に自衛官が集まった時代だった。しかし、今はそんなことではなかなか人は集まらない。少子高齢化が進み、さらに人手不足は深刻になるだろう。

首相や防衛相が戦闘組織たる自衛隊の惣領としての意識を持っているのならば、自分に命を預けてくれる若者を集めるため、必死で考えるはずだ。自衛官の人生を考え、家族の身の上を案じ、安心してもらった上でないと死地に赴く命令は下せないはずだ。

現役自衛官は勲章がもらえない

私は何も、お金だけの話をしているのではない。国家が自衛官にどのような形で敬意を表しているのかを問うているのだ。

世界各国では軍人に対して国家が勲章を授与する。それが古今東西変わらず、国家の軍人に対する敬意の表し方なのである。ところが、現役自衛官は勲章がもらえない。もらえるとしても、退官してから70歳を基準として一定条件を満たす者が勲章を授与されるだけである。それは戦後復活した生存者叙勲制度だからしょうがないともいえる。しかし、勲章の本旨は、国家に対して必要な時に究極の犠牲をささげる者に対する国民の感謝と尊敬である。

これでは外国軍と交流するときにさすがに恥ずかしい、ということで、1982年に「防衛記念章」という制度が設けられた。各国の軍人も、いつも勲章をぶら下げていられるわけではない。このため、「略綬」というリボンのようなものを代わりに胸に付ける。防衛記念章とは、この略綬を模したものだ。2014年からはメダル付きの防衛記念章も制定されたが、これはあくまで「メダル」であって勲章ではない。自衛隊の中で「グリコのおまけ」と揶揄されるのはこのためだ。

しかも、防衛記念章は勲章の代わりの略綬ではなく、あくまで略綬そのものが授与されるものだ。防衛庁訓令で定められたものであって、天皇陛下から下賜されるものではない。一時期は、退官したら身に着けることもできなかった。2014年から即応予備自衛官が訓練招集期間中に着用できるようになったが、だからといって天皇陛下の御前で身に着けられるような代物ではない。

実をいうと、私は勲章を五つ持っている。おかしいじゃないか、日本には現役自衛官に勲章を授与する制度がないし、お前は70歳のときに叙勲を辞退していると言ったではないか、と思うだろう。その通りだ。それでも勲章をもらっている。

答えは簡単だ。アメリカ政府からいただいたのだ。その一つは「リージョン・オブ・メリット」の「コマンダー」という種類の勲章だ。外国軍のトップにしか授与しない勲章である。私は海上幕僚長にも統合幕僚長にもなっていない。それなのに、なぜ私がそのような勲章を授与されたのか。それは、2001年9月11日の米同時多発テロを受け、米海軍の空母「キティホーク」が横須賀から太平洋に出るときに海上自衛隊の護衛艦が護送するオペレーションを私が主導し、一時職責が危なくなったことをアメリカ政府が知っていたからだ。

私は護衛艦の進水式や引き渡し式のような公式の式典の場には、必ずアメリカ政府からいただいた勲章を着用して出席している。その場には海上幕僚長以下、現役の自衛官も「グリコのおまけ」のようなメダルをぶら下げて出席している。これに対し、私が着用しているのは本物の勲章だ。

なぜ、このような自慢話をしなければいけないのかというと、外国政府が当たり前のように自衛官に敬意を表しているのにもかかわらず、日本国政府はそれを怠っているという事実を知ってもらいたいからだ。自衛官が国連平和維持活動（ＰＫＯ）やインド洋の補給支援活動などに派遣されても、勲章を授与されることはない。普通の国であれば、軍がＰＫＯや国際協力の実動任務に就いたのであれば、その労をねぎらって勲章を授与するのが当たり前の感覚なのだ。

勲章とは名誉である。自衛官のみならず、世界各国の軍人にとって大事なのは、その名誉を認めてもらうことなのだ。ノーベル文学賞受賞作家の大江健三郎氏が１９９４年に文化勲章を辞退して話題になったが、外国の軍人を目の前にして「そんなものいらない」と言えば、とてつもない侮辱として受け止められるであろう。

大江氏の話はともかく、今の日本は、愛国者として国を代表して命を懸ける自衛官に対し、敬意を払わない事態が当たり前となっている。

自衛官の憧れのポストが幕僚監部!?

私が危惧するのは、自衛官に当然の敬意を払わない日本社会の雰囲気が、着実に自衛官の意識を蝕んでいるように思えることだ。

自衛官が退官する際は、お世話になった方々に挨拶状を送るのだが、気になることがある。挨拶状の文面だ。「皆様には益々ご清栄のこととお慶び申し上げます」などという感じで書き始めるのは問題ない。私がどうしても引っかかるのは、その続きである。たとえばこんな具合だ。

「さて、私こと、このたび防衛省・海上自衛隊○○隊司令を最後に退官いたしました。永きにわたり大過なく今日を迎えることが出来ましたのはひとえに皆様方の温かいご指導の賜物と存じます。心より厚くお礼申し上げます」

この挨拶状のどこに引っかかったか、お分かりだろうか。「防衛省・海上自衛隊○○隊司令」という部分である。自衛隊では、自らの組織を「防衛省・自衛隊」と言い表すのが常態化している。確かに自衛官は防衛省という行政組織の一員でもある。だが、自衛官にとっての中核は、戦闘組織たる自衛隊に所属しているという事実のはずだ。

ある人から、こんな話を聞いた。陸海空自衛隊の若手自衛官に「将来就きたいポスト」を聞いたところ、陸上自衛隊では「連隊長」という答えが最も多く、海上自衛隊では護衛艦や潜水艦の「艦長」という答えが最多だった。ところが航空自衛隊では「航空幕僚監部勤務」という答えが一番の票を集めたという。

本来、自衛官は戦闘任務に備えるため自衛隊に入隊したはずである。ところが、予算や人事など役人仕事がメーンとなる幕僚監部が「憧れの職場」というのであれば、自衛官の魂を失ったに等しい。私自身、海上幕僚監部の勤務が長かったが、やはり「自衛官の本懐」は現場である。その事実が忘れられているというのは、何も航空自衛隊に限った話ではあるまい。自衛隊全体に広がっている病ではないだろうか。

退官の挨拶状で自分の職責を「防衛省・海上自衛隊○○隊司令」と書く必要があるだろうか。名刺に「防衛省海上自衛隊」などと書く場合もある。退官する自衛官に感謝状を授与する際には「防衛省海上幕僚長　海将　○○○○」と書かれてある。

こんなことは自衛隊だけの話だ。米軍人が退官する際にメッセージを送るとして、「私は国防総省合衆国海軍を退官しました」などと書くはずがないではないか。旧海軍でいえば、「海軍省帝国海軍連合艦隊司令長官を最後に退官いたしました」と書くはずもない。

飲酒事件の取り調べ

戦闘組織の一員としての自覚を失えば、おのずと組織の在り方も変わってくる。

海上自衛隊をインド洋に派遣していた際に「飲酒事件」が起きた。艦の上で許可なく酒を飲むことは禁止されている。戦闘組織なのだから、当たり前の話だ。ところが、出国時や外国への寄港時に酒を持ち込み、夜な夜な酒盛りを繰り返していたのである。

「絶対に許さん」

その時私は、この任務に就く護衛艦の派遣元である護衛艦隊司令官をしていた。自衛艦隊司令官の許可を得て海自の護衛艦隊海上自衛隊のすべての艦艇を止めた。そして全艦艇長を横須賀に集めた。自分の指揮下以外の艦艇の行動を止めたことと、指揮権の及ばない艦艇長を集めた行為に対し「越権行為じゃないのか」と言われたが、気にしなかった。集めた全艦艇長に艦艇内飲酒の禁止と各艦艇の飲酒の有無の調査を直ちに実施することを自分の言葉で直接徹底した。艦内飲酒の嫌疑がかかった護衛艦に対しては、司令部に調査チームを設置して調査に取り掛かった。司令部幕僚と勤務員約40人からなる調査員は、当日は戦闘服装に身を固めて当該護衛艦に直接赴き、聞き取り調査と実地検分を行った。もちろん、艦長も例外扱いはしなかった。

こういう不祥事があれば、行政組織はすぐに第三者委員会を作り、「徹底的に調査しました」と言いたがる。だが、第三者委員会はあくまで外部の人間が行うものなので、その道に長じた者がその気になれば、いくらでもごまかせる。だが、蛇の道は蛇で、同じ艦乗りが聞くと、ごまかしはきかない。

「お前は酒を飲んでいないと言っているが、この時間は何をしていたんだ。おかしいじゃないか」という具合に疑問点を見つけることはたやすい。そこを突くと、当事者は途端にモゴモゴと言い出す。そして「やりました」と自白する。

たかが飲酒である。しかし、戦闘組織が規律に違反し、それを隠している。そんな規則さえ守れない人間が戦場で命を懸けるような命令を守ることができるとは思えない。私は「これを見過ごしていたら、海上自衛隊がつぶれる」という危機感を持っていた。戦闘組織の一員として自覚を持つということは、こういうことを意味するのだ。

これが、行政組織たる防衛省でも本質は同じであろう。当然のことながら、行政組織の一員にも高い倫理観と職務遂行能力が求められる。したがって、必要であれば徹底的に調査を行わなければならないのは言うまでもない。ただ、やはり行政組織を担う官僚ともなると、政治的判断も必要になる。どこかで組織防衛本能が働いて、徹底的な調査に二の足を踏んでしまうようなことはないであろうか。

戦闘組織の一員たる自衛官にも組織防衛本能はある。やはり自分の組織はどうしても守りたくなる。だが、官僚と自衛官では価値を置くところが違う。自衛官にとって、最優先事項はあくまでも我が国の防衛戦争に勝利することなのだ。そのために厳しい訓練を積むのである。そうであれば、たとえ組織に対する風当たりが強くなろうとも、勝つためには膿を出し切ることが最優先されるはずだ。

戦闘組織の一員としての覚悟

改めて言おう。自衛隊は戦闘組織である。国内を相手にする官僚組織ではない。我が国の法律で規制できない外国の軍隊と戦うのが任務だ。鎧兜を着込んで備える職務についているのに、裃を着て役人のような気持ちでいてもらっては困るのだ。

ただ、自衛官の間に役人根性がはびころうとも、その責めをひとり自衛官にだけ負わせるのもおかしい。自衛官の名誉を重んじず、命を懸けるに値する扱いも受けられない、そもそも命令を下す首相や防衛相が、自衛隊の惣領としての自覚に欠ける。

こんな状態では自衛官の意識が蝕まれるのも、やむを得ないところがある。

この部分は、筆者が誇りとする自衛隊への思い入れが強すぎて極端な言い方をしたが、大原則は外していないつもりである。読者の方には少し冷却バイアスをかけてもらいたい。

自衛官が戦う組織の一員としての自覚に欠けるならば、自衛隊がどれだけ性能に優れた装備を保有していたとしても、外国の侵略を排除することはできない。圧倒的な軍事力を誇ったロシアがウクライナ制圧にてこずる姿を見れば一目瞭然であろう。

もしもウクライナ国民に国土を防衛する気概がなければ、たちどころに降伏を余儀なくされたであろうことと同じように、自衛官に覚悟がなければ、国民の生命と財産、そして領土、領海、領空が危機に瀕する。

そのような事態を回避するために、やるべきことは山積している。シビリアンコントロールの姿を一日も早く正常に戻し、憲法を改正し、そして自衛官の意識を立て直さなければならない。日夜現場で汗と涙を流している自衛官諸君に対し、少しでも力になりたい。そういう思いで、各方面から嫌われることを覚悟で書かせていただいた。願わくは、私が言うことの一つでも聞き入れてもらい、自衛隊が少しでも強く、そして日本が少しでも安全になり、国民が少しでも幸せに暮らせる国にしたい一心で本稿を書いたことに付言する。

あとがき

筆者36年間の海上自衛隊生活のうち10年を海上自衛隊の防衛力整備を直接担当する海上幕僚監部防衛部で一担当者から課長、部長として勤務した。自衛官は我が国防衛の現場である部隊勤務を最も重視するのは当然であるが、同時に自衛隊という我が国防衛戦闘組織の「体」を作り上げる防衛力整備も同様に重要であることは論を俟たない。

そのような筆者の現役後半のある時期から自衛隊退役後の今日まで、防衛省と自衛隊に関する疑問と不安を覚えるようになった。その第一は筆者も直接体験した防衛力整備の基本を示す防衛計画の大綱に関わる問題である。具体的には冷戦終了後のいわゆる「平和の配当」を実現することを基本とした小泉政権時の16大綱における、即応性や機動性、そして多目的性を重視した自衛隊の態勢整備である。結果的に、この方針を拠り所として、この時期から10年間、防衛費は連続削減され、以後の自衛隊の態勢に大きな負債を残した。

続く民主党政権の22大綱では具体的に「動的防衛力」なる看板が採用された。続く第2次安倍内閣の25大綱では「統合機動防衛力」、更に30大綱でも「多次元統合防衛力」なる、一見説得力のある用語が使用された。これらの用語はその時の政府の防衛力整備の基本方針を示す看板であったことは理解できた。しかし、主要防衛装備の予算化から戦力化まで約15年を要するのだ。わずか14年間で4回の看板の架け替えは、朝令暮改そのものであり、自衛隊の実情から完全に遊離した「掛け声」倒れの代物になったといえる。さらに、蛇足を承知で言えば「動的防衛力」などは世界の軍事組織共通の特性であり、あえて「看板用語」と特筆するまでもないものであろう。

今述べた一連の防衛計画の大綱策定過程からは、防衛力整備の実情と遊離したキャッチフレーズの起案にあたった事務方とそれを承認して決定した政治の双方に、自衛隊の実情や実態を直接理解しようとする意志と決意が大きく不足していたことがうかがわれる。その結果、外部から見る限り「16大綱以降の自衛隊の実戦力は、耳当たりの良いキャッチフレーズとは裏腹に急激に低下している」ように思える。

さらに、この間のイージスアショア、イージスシステム搭載艦や「いずも」型ＤＤＨへのＦ35Ｂ運用能力付与等の具体的防衛力整備事項も自衛隊の実情を軽んじた防衛省当局の机上の空論、少なくとも自衛隊との緊密な連携なき防衛力整備方針の様相を呈しているように思える。また、現在、既成事実化しつつある敵基地攻撃、反撃能力論議を見る限り、政府方針に防衛力整備構想が先行することをあえて「是」とする防衛省の現状には、国民に対する説明責任を放棄した無責任ささえ感じさせられる。

この「見立て」は、現状をいかに公平に評価しても筆者の杞憂とは思えないことから今回の出版を決心した次第である。もちろん、拙論は経験者とはいえ一退役自衛官の見方であることから、誤解や間違いも避けられない。この点へのご指摘や批判を戴くことは当然である。

最後に本書出版にあたり多大のご配慮を戴いた中央公論新社書籍局の中西恵子様に衷心より感謝を申し上げ擱筆する。

香田洋二

参考文献

石破茂、丹羽宇一郎「なぜ現役自衛官は「国会で答弁」できないのか」（東洋経済ＯＮＬＩＮＥ、２０１８年2月14日）https://toyokeizai.net/articles/-/206880?page=5
大嶽秀夫『再軍備とナショナリズム　戦後日本の防衛観』（講談社学術文庫、２００５年）
草野厚、近藤匡「政策決定過程におけるマスメディアの機能――イージス艦派遣をめぐる議論における新聞報道の影響」（総合政策学ワーキングペーパーシリーズNo.41、２００４年5月）
クラウゼヴィッツ『戦争論』上（岩波文庫、１９６８年）
真田尚剛「日本型文民統制の終焉？」（国際安全保障39巻、２０１１年）
ＧＧＯ編集部「「自衛官」の給与は？ 退職金２０００万円も、定年後が不安な理由」（幻冬舎ＧＯＬＤ ＯＮＬＩＮＥ、２０２１年3月29日）
サミュエル・ハンチントン、市川良一訳『軍人と国家』上（原書房、１９７８年）
田上嘉一『国民を守れない日本の法律』（扶桑社新書、２０２０年）

参考文献

田上嘉一「自衛官が予算編成に関わることがシビリアン・コントロールを脅かすのか」（ＹＡＨＯＯ！ニュース、２０２２年８月10日）https://news.yahoo.co.jp/byline/tagamiyoshikazu/20220810-00299142

田中明彦『安全保障　戦後50年の模索』（読売新聞社、１９９７年）

千々和泰明『戦後日本の安全保障』（中公新書、２０２２年）

辻晃士「文官と自衛官との関係に係る制度改革——平成27年の改革を中心に」『調査と情報——ISSUE BRIEF（第１１４１号）』（国立国会図書館、２０２１年３月12日）

廣中雅之『軍人が政治家になってはいけない本当の理由　政軍関係を考える』（文藝春秋、２０１７年）

森永輔「迷走する陸上イージス後継「総費用示せない防衛省は無責任の極み」」（日経ビジネス電子版、２０２１年６月10日）https://business.nikkei.com/atcl/gen/19/00179/060900059/

森永輔「「空母が２隻沈めば米軍は日本に来ない」そうしない防衛戦略を」（日経ビジネス電子版、２０２２年９月14日）https://business.nikkei.com/atcl/gen/19/00179/091200130/

ラクレとは…la clef＝フランス語で「鍵」の意味です。
情報が氾濫するいま、時代を読み解き指針を示す
「知識の鍵」を提供します。

中公新書ラクレ
785

防衛省に告ぐ

元自衛隊現場トップが明かす防衛行政の失態

2023年1月10日発行

著者……香田洋二

発行者……安部順一
発行所……中央公論新社
〒100-8152 東京都千代田区大手町1-7-1
電話……販売 03-5299-1730　編集 03-5299-1870
URL https://www.chuko.co.jp/

本文印刷……三晃印刷
カバー印刷……大熊整美堂
製本……小泉製本

Published by CHUOKORON-SHINSHA, INC.
Printed in Japan ISBN978-4-12-150785-3 C1231

中公新書ラクレ　好評既刊

L677
歴史に残る外交三賢人
――ビスマルク、タレーラン、ドゴール
伊藤　貫 著

冷戦後のアメリカ政府の一極覇権戦略は破綻した。日本周囲の三独裁国（中国・ロシア・北朝鮮）は核ミサイルを増産し、インド、イラン、サウジアラビア、トルコが勢力を拡大している。歴史上、多極構造の世界を安定させるため、諸国はバランス・オブ・パワーの維持に努めてきた。聡明な頭脳と卓越した行動力をもち合わせた三賢人が実践した「リアリズム外交」は、国際政治学で最も賢明な戦略論であり、日本が冷酷な世界を生き抜く鍵となる。

L692
公安調査庁
――情報コミュニティーの新たな地殻変動
手嶋龍一＋佐藤　優 著

公安調査庁は謎に包まれた組織だ。日頃、どんな活動をしているのか、一般にはほとんど知られていない。それもそのはず。彼らの一級のインテリジェンスによって得られた情報は、官邸をはじめ他省庁に提供され活用されるからだ。つまり公安調査庁自身が表に出ることはない。日本最弱にして最小のインテリジェンス組織の真実を、インテリジェンスの巨人２人が炙り出した。本邦初の驚きの真実も明かされる。公安調査庁から目を離すな！

L758
「合戦」の日本史
――城攻め、奇襲、兵站、陣形のリアル
本郷和人 著

戦後、日本の歴史学においては、合戦＝軍事の研究が一種のタブーとされてきました。このため、織田信長の桶狭間の奇襲戦法、源義経の一ノ谷の戦いにおける鵯越の逆落としなどは、「盛って」語られるばかりで、学問的に価値のある資料から解き明かされたことはありません。城攻め、奇襲、兵站、陣形……。歴史ファンたちが大好きなテーマですが、本当のところはどうだったのでしょうか。本書ではこうした合戦のリアルに迫ります。